Die „**Sammlung Vieweg**" hat sich die Aufgabe gestellt, Wissens- und Forschungsgebiete, Theorien, chemisch-technische Verfahren usw., die im Stadium der Entwicklung stehen, durch zusammenfassende Behandlung unter Beifügung der wichtigsten Literaturangaben weiteren Kreisen bekanntzumachen und ihren **augenblicklichen Entwicklungsstand zu beleuchten**. Sie will dadurch die Orientierung erleichtern und die Richtung zu zeigen suchen, welche die weitere Forschung einzuschlagen hat.

Als Herausgeber der einzelnen Gebiete, auf welche sich die Sammlung Vieweg zunächst erstreckt, sind tätig und zwar für:

Physik (theoretische und praktische, und mathematische Probleme):
> Herr Professor **Dr. Karl Scheel**, Physikal.-Techn. Reichsanstalt, Charlottenburg;

Kosmische Physik (Astrophysik, Meteorologie und wissenschaftliche Luftfahrt — Aerologie — Geophysik):
> Herr Geh. Reg.-Rat Professor **Dr. med. et phil. R. Assmann**, Königl. Aeronaut. Observatorium Lindenberg (Kr. Beeskow);

Chemie (Allgemeine, Organische und Anorganische Chemie, Physikal. Chemie, Elektrochemie, Technische Chemie, Chemie in ihrer Anwendung auf Künste und Gewerbe, Photochemie, Metallurgie, Bergbau)
> Herr Professor **Dr. B. Neumann**, Techn. Hochschule, Breslau;

Technik (Elektro-, Maschinen-, Schiffbautechnik, Flugtechnik, Motoren, Brückenbau):
> Herr Professor **Dr.-Ing. h. c. Fritz Emde**, Techn. Hochschule, Stuttgart;

Biologie (Allgemeine Biologie der Tiere und Pflanzen, Biophysik, Biochemie, Immunitätsforschung, Pharmakodynamik, Chemotherapie):
> Herr Professor **Dr. phil. et med. Carl Oppenheimer**, Berlin-Grunewald.

BRENNEREIFRAGEN

Kontinuierliche Gärung der Rübensäfte

Kontinuierliche Destillation und Rektifikation

Von

D. SIDERSKY

Ingenieur und Chemiker in Paris

MIT 24 EINGEDRUCKTEN ABBILDUNGEN

SPRINGER FACHMEDIEN WIESBADEN GMBH

1914

Alle Rechte vorbehalten.

© Springer Fachmedien Wiesbaden 1914
Ursprünglich erschienen bei Friedr. Vieweg & Sohn,
Braunschweig, Germany 1914

ISBN 978-3-663-18491-1   ISBN 978-3-663-18662-5 (eBook)
DOI 10.1007/978-3-663-18662-5

VORWORT.

Die beiden in vorliegendem Bändchen vereinigten Artikel haben den Zweck, die neuesten, auf dem Gebiete der Spiritusfabrikation gemachten Fortschritte dem Leser vorzuführen. Im ersten Artikel habe ich versucht, meine persönlichen Erfahrungen in der Rübenbrennerei in gedrängter Form darzustellen, während der zweite Artikel die neuesten Destillier- und Rektifizierapparate beschreibt, begleitet von kurzen kritischen Bemerkungen.

Im Laufe der technischen Beschreibungen der neueren Verfahren der Spiritusrektifikation habe ich einige theoretische Erörterungen eingeschoben, da sie unseres Erachtens ermöglichen, den Gedankengang der Erfinder besser verfolgen zu können. Im übrigen hat uns eine langjährige Erfahrung belehrt, daß auf diesem, sowie auf ähnlichen Gebieten, Mißerfolge mancher Neuheiten lediglich auf eine unrichtige Auffassung gewisser physikalischer Vorgänge zurückzuführen waren.

Paris, Januar 1914.

D. Sidersky.

Inhaltsverzeichnis.

Kontinuierliche Gärung der Rübensäfte.

Seite
I. Einleitung 1
II. Geschichte der Rübenbrennerei 2
III. Das Verfahren von Champonnois 6
IV. Die neueren Saftgewinnungsverfahren 9
V. Die Einleitung der Gärung 10
VI. Die neuesten Verfahren der kontinuierlichen Gärung 12
VII. Mikroskopische Kontrolle der Gärung 16
VIII. Neue acidimetrische Bürette 20

Kontinuierliche Destillation und Rektifikation.

A. Kontinuierliche Destillation.

I. Einleitung 22
II. Die schrägliegende Destillierkolonne von Guillaume 25
III. Déoms automatischer Schlempeprüfer 29

B. Kontinuierliche Rektifikation.

IV. Die Raffination des Spiritus 31
V. Die kontinuierlichen Rektifizierapparate 34
VI. Das neue Rektifikationsverfahren von Guillaume 35
VII. Destillier- und Rektifizierapparate von E. Gazagne 43
VIII. Schlußbetrachtungen 49

Kontinuierliche Gärung der Rübensäfte im Brennereibetriebe.

I.

Einleitung.

Die Verarbeitung von Zuckerrüben auf Spiritus ist in Frankreich und Österreich weit verbreitet, während in Deutschland die Gesetzgebung die stärkemehlhaltigen Rohmaterialien bevorzugt. Eine kurze Notiz über das Rübenbrennen findet sich in Maercker-Delbrücks „Handbuch der Spiritusfabrikation", 9. Auflage (Berlin 1908), S. 735 u. ff.[1]). Während in Deutschland die wissenschaftliche und technische Ausbildung der Kartoffel- und Getreidebrennerei bedeutende Fortschritte gezeitigt hat, haben sich die französischen Fachgenossen mehr mit der Rübenbrennerei beschäftigt. Sie haben den Betrieb vielfach verbessert und die mechanischen Einrichtungen weitgehend vervollkommnet.

Zum besseren Verständnis der zu beschreibenden neueren Verfahren der kontinuierlichen Rübensaftgärung soll zuerst die Geschichte der Rübenbrennerei und das ursprüngliche Verfahren von Champonnois kurz geschildert werden. Es sollen hierauf die verschiedenen Methoden der Rübensaftgewinnung in gedrängter Form erläutert und die Führung der Gärung besprochen werden.

Mit der rationellen Führung der Gärung ist die Spiritusausbeute auf das innigste verbunden. In einer besonders gut geleiteten Rübenbrennerei, in welcher tägliche Rübenuntersuchungen

---

[1]) Ein 1888 bei Hartleben in Wien erschienenes Büchlein: „Die Rübenbrennerei" von Briem, hat leider keine neue, den Fortschritten der Gegenwart mehr entsprechende Auflage erlebt.

ausgeführt und die Ladungen der Diffuseure mit größter Sorgfalt gewogen wurden, hat Verfasser eine Ausbeute von 60 Literprozenten Alkohol, d. h. 60 Liter reinen Alkohol auf 100 kg des zur Gärung gelangenden Zuckers, als Durchschnitt einer Kampagne feststellen können.

II.
Geschichte der Rübenbrennerei[1]).

Die Umwandlung eines Teiles des Rübenzuckers in Spiritus ist ebenso alt wie die Zuckerindustrie. Die erste Andeutung findet sich in der berühmten Abhandlung, die Marggraf im Jahre 1747 unter dem Titel „Chemische Versuche zur Gewinnung wirklichen Zuckers aus verschiedenen in unseren Gegenden wachsenden Pflanzen" veröffentlichte. Diese Abhandlung erschien in französischer Sprache in den „Mémoires de l'Académie royale des Sciences et des Belles lettres", Jahrgang 1747 (Berlin 1749), sie wurde von Scheibler ins Deutsche übersetzt („Aktenstücke zur Geschichte der Rübenzuckerfabrikation", Berlin 1875).

Wir entnehmen der deutschen Übersetzung folgende Zeilen (Scheibler, genannte Schrift, S. 31, § XVII):

„Ich habe schon in § IX gesagt, daß man den Saft aus diesen frischen und gestampften Wurzeln auspreßt; dabei bleibt der erdigste Teil mit einer Beimischung von Süßigkeit zurück. Anstatt ihn fortzuwerfen, gießt man ein wenig heißes Wasser darauf, so daß ein Brei daraus entsteht, fügt ein wenig weiße Bierhefe hinzu und läßt das Ganze eine weinige Gärung durchmachen; nach diesem Verfahren kann man durch Destillation einen Weingeist bester Qualität erhalten."

Schon Ende des 18. Jahrhunderts war die Rübendestillation in Deutschland bekannt, von wo aus sie nach Belgien kam. Die Rüben wurden entweder allein oder mit Kartoffeln, Mohrrüben,

---

[1]) Auszug aus einer gelegentlich der Internationalen Ausstellung für Spiritusverwertung und Gärungsgewerbe (Wien 1904) vom Autor verfaßten Denkschrift: „Die Entstehungsgeschichte der landwirtschaftlichen Brennereien in Frankreich".

Pastinaken u. dgl. verarbeitet (s. Charles Barbier, „Distilleries agricoles", Paris 1863, S. 94).

In einem vom 27. Messidor an IX (1801) datierten Schreiben des Bürgers François de Neuchateau an den Generalsekretär der Sarre-Präfektur findet man einige eingehende Mitteilungen über die von Landwirten aus Charleroy mit solchen Gemischen erzielten Ergebnisse. Dennoch haben diese Verfahren die Grenzen jener Gegenden nicht überschritten. Erst 1842 wurden durch Dubrunfaut, den berühmten französischen Chemiker, Laboratoriumsversuche unternommen, welche ihn auf die Rolle der Schwefelsäure in der Rübenverarbeitung hinwiesen. Nachfolgend bringen wir einen Auszug seines Werkes „Art de fabriquer le sucre de betteraves" („Die Kunst der Rübenzuckergewinnung", Paris 1852):

„Wird bei geeigneter Temperatur ein mit Schwefelsäure versetzter Rübensaft in Gärung gebracht, so erfolgt die bemerkenswerte Erscheinung, daß sofort eine sehr kräftige Gärung eintritt, während unter den gleichen Temperaturverhältnissen derselbe Saft ohne Schwefelsäure trübe und schleimig wird. Über der gärenden Flüssigkeit bildet sich bald eine Hefenschicht, welche in der Folge selbständig andere Stoffe, ebensogut wie Bierhefe, in Gärung zu bringen imstande ist."

Diese wertvolle Entdeckung blieb jedoch ohne Anwendung bis 1852, wo sie durch Dubrunfaut von neuem aufgenommen wurde. Inzwischen waren zahlreiche Destillationsverfahren mit vorhergehender Saftreinigung aufgetaucht und wieder verschwunden.

Im Jahre 1834 wurde die heiße Maceration durch Mathieu de Dombasle eingeführt, welche Champonnois durch Anwendung der heißen, von den Destillationsapparaten kommenden Schlempe verallgemeinert hat. Diese Entdeckung war von hoher wirtschaftlicher Bedeutung, sie wurde der Ausgangspunkt für die Gründung der landwirtschaftlichen Brennereien in Frankreich.

Die erste praktische Anwendung des Verfahrens von Champonnois erfolgte im Januar 1854 auf dem Gut Planche bei Troyes (Aube) durch die Herren Huot, welche die erste landwirtschaftliche Brennerei errichteten. Diese wurde am 8. Januar 1854 in Betrieb gesetzt, und am 8. März darauf wurde von Herrn Payen, ständigem Sekretär der Kgl. Nationalen landwirtschaftlichen Gesellschaft, der die Einrichtung besichtigt hatte, dieser Gesellschaft ein Bericht über das Champonnoissche Verfahren erstattet (Bulletin 1854, S. 216).

Dieser erste Erfolg veranlaßte auch einige andere Landwirte, dem Beispiel der Herren Huot zu folgen, und noch im Laufe des Sommers 1854 hat Champonnois 36 weitere rübenverarbeitende landwirtschaftliche Brennereien eingerichtet.

Von da ab hat sich in kurzer Zeit die Zahl der landwirtschaftlichen Brennereien nach dem System Champonnois bedeutend vermehrt.

Dem Auszug eines von Champonnois selbst aufgestellten Verzeichnisses entnehmen wir folgende Zahlen:

Brennereien errichtet	Tägl. Verarbeitung kg	Brennereien errichtet	Tägl. Verarbeitung kg
1854 37	374 500	1858 10	148 000
1855 43	545 500	1859 25	403 000
1856 24	289 000	1860 65	1 001 000
1857 70	911 500	1861 68	1 213 000

Bis zum 1. Oktober 1862 waren im ganzen 372 Brennereien errichtet worden, die zusammen über 5 Millionen Kilogramm Rüben in 24 Stunden verarbeiten konnten.

Im Winter 1854 wurde der Rübenspiritus zum erstenmal in der offiziellen Notierung an der Pariser Börse aufgenommen.

Um eine Vorstellung von der damaligen Wichtigkeit dieses Nebengewerbes in der Landwirtschaft zu bekommen, braucht man sich nur die kurz zusammengefaßten Ergebnisse der Enquete zu vergegenwärtigen, welche 1864 der Verein der französischen landwirtschaftlichen Brenner bei 500 Wirtschaften, die Champonnois-Brennereien betrieben, anstellen ließ. Aus dem Bericht über diese Enquete ergibt sich, daß vor Einführung der landwirtschaftlichen Brennerei 1949 ha mit Rüben bebaut waren, daß aber zehn Jahre später der Rübenbau 21 405 ha beanspruchte; ferner, daß früher 21 906 ha, später 27 570 ha mit Weizen bebaut waren, und daß in diesen 500 Wirtschaften der durchschnittliche Weizenertrag pro Hektar sich früher auf 19,52 hl belief, während er nachher 27,75 hl betrug; daß die Wirtschaften vor Einführung der Brennerei durchschnittlich 25 386 Stück Rindvieh ernährten und 6955 Stück mästeten, wogegen sie zehn Jahre später in der

Geschichte der Rübenbrennerei. 5

Lage waren, 51449 Stück zu ernähren und 46645 zu mästen; endlich erhellt aus derselben Enquete, daß vor der Einführung des Verfahrens von Champonnois in diesen 500 Wirtschaften den Winter über 4767 Arbeiter, während des Sommers 9851, zusammen also 14718 Arbeiter beschäftigt waren, während nachher im Winter 14718 und im Sommer 25735, im ganzen 40453 Arbeiter in denselben tätig waren.

Folgende Zahlen werden die glänzenden, durch die Rübendestillation erreichbaren Ergebnisse noch klarer erscheinen lassen. Seit dem Entstehen der landwirtschaftlichen Brennerei hat die mit Rüben bebaute Bodenfläche um 19458 und die des Getreidebaues um 5764 ha zugenommen; letztere erhöhte tatsächlich den Nahrungsmittelbestand um 251600 hl Weizen im Gesamtwert von 5032000 Fr. Die 21000 mit Rüben bebauten Hektare erzeugen jährlich bei einem Durchschnittsertrag von 35000 kg pro Hektar 735000000 kg Rüben, die 70 Proz. ihres Gewichtes, das sind 514500 t Schnitzel hinterlassen, welche, die Tonne zu 10 Fr. gerechnet, einen Wert von 5145000 Fr. repräsentieren. Mit dieser riesigen Schnitzelmenge konnten jährlich 65700 Stück Rindvieh mehr ernährt und gemästet werden.

Um 1850 betrug die Zahl der auf den 500 Wirtschaften ernährten und gemästeten Tiere nur 32381 Stück, also 0,36 Stück auf den Hektar, während sich ihre Zahl 1864 auf 98100 Stück, d. h. 1,09 pro Hektar stellt. Mit diesem Viehbestand wurden jährlich 411600 t Mist gewonnen, also pro Hektar Rübenacker etwa 20000 kg.

Bei einer durchschnittlichen Ausbeute von nur 4 Proz. ergaben die 735000 t Rüben jährlich 294000 hl Alkohol, welcher bei einer Bewertung mit 50 Fr. pro Hektoliter der Landwirtschaft einen Bruttoerlös von 14700000 Fr. ergab und dem Staat eine jährliche Steuer von 28106000 Fr. einbrachte.

Diese bemerkenswerten Ergebnisse kamen auch in großem Maße dem Gemeinwohl zugute, denn die durch die Landwirtschaft geernteten und in der Umgebung ihrer Brennereien umgesetzten Millionen haben dazu beigetragen, den Wohlstand auf dem Lande zu heben. Die nach beendeter Feldarbeit unbeschäftigt gebliebenen Leute fanden den Winter über Arbeit, die Löhne konnten aufgebessert und die mit Vorliebe nach den Städten ziehenden Arbeiter auf dem Lande zurückgehalten werden. Auch finden die Arbeiter in diesem Gewerbe eine Geist und Körper günstig beeinflussende, Intelligenz befördernde Tätigkeit, indem sie mit den Fortschritten auf wissenschaftlichem und mechanischem Gebiet bekannt gemacht werden.

III.
Das Verfahren von Champonnois[1]).

Das in Frankreich am meisten verbreitete Destillationsverfahren beruht auf der Anwendung der Schlempe als Macerationsflüssigkeit, ein Prinzip, welches das Verfahren zu einem durchaus landwirtschaftlichen gestaltet.

Das Verfahren bezweckt, den Saft auszuziehen, den die in kleine Schnitzel zerschnittene Rübe enthält, indem man denselben durch Maceration und Endosmose mittels der aus einer vorhergehenden Operation entstandenen Schlempe verdrängt, um den Schnitzeln ihre sämtlichen ursprünglichen organischen und anorganischen Bestandteile wieder zurückzuerstatten.

Eine für dieses Verfahren eingerichtete Brennerei enthält eine Waschmaschine, eine Schneidemaschine, Macerationsbottiche, Gärungsbottiche, einen Destillationsapparat für die dünne Maische und schließlich einen Motor zum Antrieb dieser verschiedenen Maschinen und Geräte, entweder Pferdegöpel, Wasserrad oder Dampflokomobile.

Die geköpften Rüben werden in die gewöhnliche Waschmaschine geschüttet, um sie von der anhaftenden Erde zu befreien; diese Reinigung ist für den richtigen Verlauf der Arbeit von größter Wichtigkeit.

Aus der Waschmaschine gelangen die Rüben in die Schneidemaschine, welche sie in 2 mm dicke Bänder zerschneidet.

Gegenwärtig bedient sich Champonnois einer von ihm erfundenen Schneidemaschine, mit welcher er eine sehr rasche und regelmäßige Zerkleinerung erzielt. Das Prinzip dieser Maschine unterscheidet sich ganz wesentlich von den bisher bekannten Systemen, da die Messer auf der Peripherie einer gußeisernen Trommel fest angebracht sind.

---

[1]) Nach einem Artikel des Journals „Le Bon Fermier" vom Jahre 1854.

Die in den Fülltrichter geschütteten Rüben werden durch zwei Arme in rasche Drehung versetzt und durch die Zentrifugalkraft der Wirkung der Messer unterworfen. Mit dieser Maschine werden Knollen jeder Art, besonders aber die Kartoffeln geschnitten, bei welchen wegen ihrer runden Form das Rollen unter der Wirkung der in Drehung gesetzten Scheibe bezw. Trommel in den früheren Schneidemaschinen nicht vermieden werden konnte.

Zwecks Konservierung der Schnitzel werden dieselben nach Maßgabe ihrer Erzeugung mit angesäuertem Wasser (2 kg Schwefelsäure auf 30 Liter Wasser pro 1000 kg Rüben) begossen. Die Menge der Säurezugabe verändert sich mit der jeweiligen Jahreszeit, der Reinheit der Rüben und der Art des Bodens, dem sie entstammen.

Alsdann werden die angesäuerten Schnitzel in die Macerationsbottiche und vorzugsweise gegen deren Wände geschaufelt.

In den in dieser Weise gefüllten Bottich bringt man den schwachen, zuletzt ausgelaugten Saft, alsdann die siedende, vom Destillationsapparat kommende Schlempe, welche den extrahierten Saft in die Gärbottiche drängt; in gleicher Weise wird beim zweiten und dritten Bottich verfahren.

In den meisten Brennereien kommen drei hölzerne, etwa 2000 kg fassende Auslaugebottiche, sogenannte Macerateure, in Verwendung. Dieselben werden wechselweise von drei zu drei Stunden gefüllt, so daß in 24 Stunden acht Bottiche oder 16000 kg Rüben verarbeitet werden.

Auch kann man nach Wunsch mit nur vier Bottichen oder 8000 kg Rüben arbeiten, indem man über Nacht den Betrieb einstellt, was bei Berücksichtigung einiger Vorsichtsmaßregeln leicht geschehen kann. Diese bestehen darin, den den schwachen Saft enthaltenden Bottich vor Arbeitsschluß mit Schlempe zu füllen und dessen Hahn derart einzustellen, daß der Saft die ganze Nacht hindurch in einen mit Schnitzeln gefüllten Bottich, dessen Saft die Gärung unterhält, abfließt.

Auch kann die Arbeit auf drei Bottiche oder 6000 kg Rüben täglich beschränkt werden. In dieser Weise beträgt die Auslaufzeit jedes einzelnen Bottichs mindestens sechs Stunden, Füllen und Entleeren nicht eingerechnet. Diese Zeit genügt vollkommen, um eine zufriedenstellende Auslaugung mit einem Saftabzug von

130 bis höchstens 140 Proz. des Rübengewichtes zu erzielen; dieser Arbeitsweise entspricht eine Temperatur von 28° in den Gärungsbottichen.

Ein weiteres Grundprinzip des Verfahrens von Champonnois bildet die ununterbrochene Gärung. Letztere besteht darin, fortwährend ein verhältnismäßig geringes zuckerhaltiges Saftquantum in eine große, ständig in voller Gärung begriffene Flüssigkeitsmenge zu leiten. Hiermit wird auf die Regelmäßigkeit der Gärung in vorteilhaftester Weise eingewirkt und vermieden, daß jeden Tag, wie dies bei den übrigen Verfahren der Fall ist, eine neue Menge frischer Hefe erforderlich ist. Zu Hefe wird nur gegriffen, wenn Gärungsstörungen vorgebeugt werden soll, die jedoch bei sorgfältiger Arbeit selten sind.

Die dem Macerateur entnommenen entsäfteten Schnitzel machen ungefähr 70 Proz. des Rübengewichtes aus. Sie werden sofort mit Stroh und Getreideabfällen, Häcksel, trockenem oder verdorbenem Futter gemischt, und zwar je nach der zur Verfügung stehenden Menge, im Verhältnis von 5 bis 10 Gew.-Proz. Nach einer 24 bis 30 stündigen Gärung der feuchten und warmen Schnitzel, welche das trockene Futter aufgeweicht haben, wird dieses sehr angenehm weinartig riechende Gemisch dem Vieh verabreicht.

Die tägliche Ration beträgt gewöhnlich 10 Proz. des lebenden Gewichtes für Stall- und Mastvieh und wird für letzteres mit Ölkuchen ergänzt; für jüngeres Zuchtvieh muß die Gabe jedoch verringert und allmählich mit Zunahme des Alters vermehrt werden.

Die Rübenschnitzel halten sich vortrefflich in den Mieten sowohl rein, als wie, in den meisten Fällen, mit Stroh- und Futterhäcksel vermengt. Diese Zusätze saugen den Feuchtigkeitsüberschuß auf, so daß der durch Entwässerung der nassen Schnitzel in den Mieten verursachte Verlust vermieden wird. Das Gemisch bildet eine homogene Masse, welche unmittelbar aus den Mieten dem Vieh verabreicht werden kann. Diese Art der Konservierung, welche den Vorteil bietet, dem Vieh das ganze Jahr hindurch eine unveränderte Nahrung zu erhalten, wurde bereits auf mehreren Gütern mit großem Erfolg eingeführt, wo zu diesem Zweck ausgemauerte und, zum Schutze gegen den Regen, bedeckte Dauermieten eingerichtet wurden.

Die neueren landwirtschaftlichen Brennereien haben das doppelte Prinzip des Champonnois-Verfahrens, Verwendung der Schlempe und Verschneiden der Gärbottiche, beibehalten; nur die mechanische Einrichtung hat entsprechend den vergrößerten Betrieben einige Verbesserungen erfahren. In manchen größeren Fabriken wurde die Maceration durch Diffusion ersetzt, während das Verschneiden der Gärbottiche auch von den gewerblichen Brennereien aufgenommen worden ist. Durch gleichzeitige Verbesserung der Rübenkultur und der Führung der Gärung wurde die Spiritusausbeute beinahe verdoppelt.

IV.
Die neueren Saftgewinnungsverfahren.

In den kleineren landwirtschaftlichen Brennereien ist die Maceration am meisten verbreitet, während die großen gewerblichen Brennereien mit Diffusion arbeiten; vereinzelt findet man noch das alte Dujardinsche Preßverfahren in Betrieb. Jedes Verfahren besitzt gewisse Vorteile, z. B. liefert das Preßverfahren ein ausgezeichnetes, leicht konservierbares Viehfutter, die Maceration ist leicht zu behandeln und liefert gut vergärbare Säfte, während die Diffusion eine bessere Schnitzelauslaugung ermöglicht, aber eine größere Aufsicht bei der Gärung verlangt. In neuester Zeit sind zwei neue Verfahren aufgetaucht, die besondere Beachtung verdienen. Sie geben bei guter Schnitzelentzuckerung Säfte von hoher Dichte, die leicht vergären.

1. Das Verfahren von Eugen Boullenger besteht in einer speziellen Diffusionsbatterie, deren Gefäße nicht ganz gefüllt werden. Der mit fast vollständig ausgelaugten Schnitzeln gefüllte letzte Diffuseur bekommt die drucklos fließende heiße Schlempe; eine Pumpe saugt den schwachen Saft von unten ab, befördert ihn nach einem Hochdruckreservoir und von dort systematisch in die übrigen Diffuseure.

2. Das Verfahren von Germain Petit-Jarlet besteht in einer Batterie von offenen Gefäßen, und die Beförderung des Saftes von einem zum anderen wird durch einen am Übersteigerohr angebrachten kleinen Dampfinjektor beschleunigt. Dadurch

gelingt es, mehrere Gefäße auf die gleiche Temperatur und Safthöhe zu bringen. Die bei beiden Verfahren erhaltenen sehr heißen Säfte werden kräftig gekühlt und auf die Gärtemperatur gebracht.

V.
Die Einleitung der Gärung.

Der Rübensaft enthält neben Rohrzucker, verschiedene organische Stickstoffverbindungen und mineralische Substanzen. Bei der Verwendung der heißen Schlempe zum Auslaugen der Rübenschnitzel erhält der zu vergärende Saft einen wertvollen Zusatz von Hefeextrakt; er bildet so einen ausgezeichneten Boden für die Ernährung und Fortpflanzung der Gärungserreger, wodurch der Hefeverbrauch in den Rübenbrennereien auf ein geringes Maß reduziert wird. Bei Beginn der Fabrikation wird die Gärung mit Preßhefe eingeleitet, indem der Gärbottich auf ein Fünftel oder auf ein Viertel seines Inhaltes gefüllt wird. Man wartet ab, bis die Dichte des Saftes auf einen gewissen Vergärungsgrad gesunken ist; alsdann wird der Bottich langsam mit frischem Saft gespeist, bis er gefüllt ist, bei sorgfältiger Einhaltung des einmal erreichten Vergärungsgrades. Der volle Gärbottich wird alsdann mit einem benachbarten leeren Bottich verschnitten, um durch Nachspeisen der beiden mit frischem Saft die Gärung weiter fortzupflanzen.

Ein so ausgezeichneter Nährboden wie der Rübensaft würde aber recht schnell von allen möglichen Bakterien überfallen werden, wenn nicht dafür gesorgt wird, das Gedeihen der ungewünschten Pilze durch geeignete Mittel zu erschweren. Man verwendet dazu, in etwas abgeänderter Form, das von Delbrück hoch entwickelte Prinzip der „natürlichen Reinzucht der Hefe", indem man durch passenden Schwefelsäurezusatz und strenges Einhalten einer geeigneten Temperatur die Entwickelung der gärungsstörenden Organismen unterdrückt und die Sprossung der Hefezellen begünstigt. Der Säurezusatz wird so bemessen, daß nach Zersetzung der Salze und Freimachung der organischen Säuren noch ein

Führung der Gärung.

kleiner Überschuß an freier Mineralsäure verbleibt, der eine antiseptische Wirkung ausübt. Während bei der Verarbeitung der stärkemehlhaltigen Rohmaterialien nach dem Büchelerschen Verfahren der geringste Überschuß an freier Mineralsäure peinlichst vermieden werden muß, ist in der Rübenbrennerei dieser Überschuß nicht nur erwünscht, sondern unentbehrlich. Bei der Einleitung der Gärung gewöhnt sich die Hefe allmählich an das eigentümliche Klima, sie wird sozusagen akklimatisiert; die schwachen Zellen verschwinden recht schnell, und nur die kräftigen, gegen den kleinen Säureüberschuß widerstandsfähigen Zellen entwickeln sich weiter fort. Auf diese Weise gelangt man zu einer reinen, gärkräftigen Mischhefe.

Um den Säuregrad schwächer halten zu können, wurden verschiedene Kunstgriffe vorgeschlagen, z. B. die Anwendung von Salzen der Fluorwasserstoffsäure, von alkalischen Harzauflösungen (Resinose), die aber keine besondere Verbreitung gefunden haben. Erst mit der Verwendung von zuckerreicheren Rüben, mit höheren Reinheitsquotienten, gelang es nun, den Säuregrad des Saftes etwas herunterzudrücken, da der Gehalt der Säfte an organischen Säuren geringer wurde, während für die Gärung die freie Mineralsäure allein als Antiseptikum wirkt.

In vielen Fabriken wurden Hefezuchtapparate aufgestellt, welche dem Betrieb kontinuierlich frische Hefe zuführen, um beim Verschneiden der Gärbottiche durch den Zusatz derselben die Gärung zu verstärken.

Bei richtiger Führung der Gärung kann man auch sehr gut mit zuckerreichen, konzentrierten Säften arbeiten; jeder Safttropfen wird beim Einfallen in den Gärbottich sofort von der vorhandenen Hefe absorbiert und in Alkohol und Kohlensäure zerlegt. Man erkennt dieses an der Unveränderlichkeit der Dichte im Bottich während der Hauptgärung. Dabei verbleibt auch der Säuregrad unverändert, während bei schlechter Vergärung derselbe allmählich zunimmt.

VI.
Die neuesten Verfahren der kontinuierlichen Gärung.

Die von Champonnois erfundene, äußerst praktische Methode der kontinuierlichen Gärung wird auf verschiedene Weise ausgeführt.

In den älteren Brennereien findet man noch das Überlaufsystem, darin bestehend, daß ein vollgefüllter, in Gärung befindlicher Bottich mit frischem Saft gespeist wird und der gärende Saft vermittelst einer seitlich angebrachten Rohrleitung in den benachbarten, leeren Bottich überläuft, bis er voll ist. Der Überschuß läuft in einen weiteren Bottich über; ist letzterer auch gefüllt, so wird derselbe mit einem vierten Bottich verbunden. Der erste Bottich wird nun abgestellt und der Nachgärung überlassen, während der zweite Bottich den frischen Saft bekommt. — Dieses Verfahren hat viele Nachteile, besonders wirkt die ungenügende Saftverteilung störend, letztere wird jetzt durch die moderne Einrichtung des Verschneidens der Bottiche in halber Safthöhe ersetzt.

Bei dieser Einrichtung gelangt die Hälfte des Bottichinhaltes in wenigen Minuten in den benachbarten leeren Bottich; man speist also zwei, drei oder vier untereinander verbundene Bottiche gleichzeitig, und erst, wenn die verschnittenen Bottiche voll geworden sind, wird der ältere Bottich ausgeschaltet und der Nachgärung überlassen, während man die übrigen mit einem leeren Bottich verschneidet. Ist nun der abgestellte Bottich in der Gärung so weit fortgeschritten, daß diese vollständig aufgehört hat und jede Schaumbildung an der Oberfläche verschwunden ist, so wird sein Inhalt auf den Speisebehälter der Destillierkolonne gepumpt. Der leere Bottich wird nun sorgfältig gereinigt und mit den in der Hauptgärung befindlichen Bottichen verbunden. Das Füllen eines Bottichs muß also genau der Zeit der Entleerung eines anderen Bottichs entsprechen. Man rechnet im allgemeinen, daß jeder Bottich etwa nach 22 bis 23 Stunden wieder an die Reihe kommt, so daß es genügt, einen der Saftproduktion in 24 Stunden entsprechenden Gärraum zu haben. Bei Neuanlagen von Rübenbrennereien berechne man den Inhalt der Bottiche in der Weise, daß auf je eine Tonne Rüben in 24 Stunden etwa 18 bis 20 hl Gärbottichinhalt kommen.

Aseptische Gärung. 13

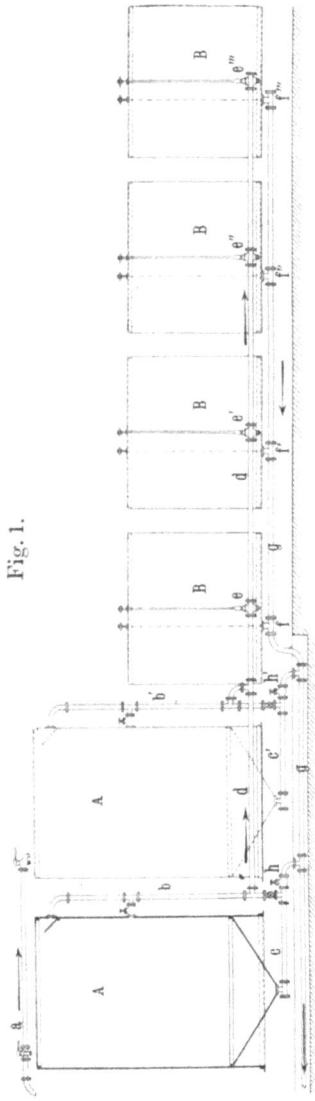

Fig. 1.

Aseptische kontinuierliche Gärung.

A A Bottiche der Hauptgärung (große Bottiche).
B B B B Bottiche der Nachgärung (kleine Bottiche).
 a Speiserohr für frischen Saft.
 b b' Abzugsrohre der großen Bottiche.
 c c' Entleerungsrohre der großen Bottiche.
 d Rohrleitung zur Beförderung des gärenden Saftes nach den kleinen Bottichen.
 e e' e'' e''' Saftspeisehähne der kleinen Bottiche.
 f f' f'' f''' Entleerungshähne der kleinen Bottiche.
 g Abzugsleitung für den vergorenen Saft.
 h h' Entleerungshähne der großen Bottiche durch die Leitung g, für besondere Fälle.

In einigen neuen Brennereien hat man das Verfahren der aseptischen kontinuierlichen Gärung von Guillaume eingerichtet, wobei mit einem geringeren Gärraum gearbeitet wird. Dasselbe besteht hauptsächlich darin, daß die Hauptgärung in einem großen, immerwährend gespeisten Bottich vor sich geht, aus welchem ununterbrochen ein gewisses Quantum gärenden Saftes abgezogen wird, welches in kleineren Bottichen die Nachgärung durchmacht. Dieses Quantum gärenden Saftes wird so bemessen, daß es einerseits dem der Destillierkolonne zugeführten vergorenen Saft, und andererseits dem frischen, zum Speisen der Hauptgärung benutzten Saft entsprechen soll.

Der Hauptvorteil dieses originellen Verfahrens besteht darin, daß die Hauptgärung in einer großen Saftmenge stattfindet, also in Gegenwart großer Hefemengen, und dadurch sehr kräftig vor sich geht. Andererseits ist es viel leichter, die Dichte und Temperatur der Gärung zu überwachen und sie von Infektionen frei zu halten.

Zweckmäßigerweise werden sämtliche Bottiche doppelt angelegt, also zwei große Bottiche für die Hauptgärung und etwa vier kleinere für die Nachgärung. Letztere werden etwa alle 2 bis 2½ Stunden entleert und wieder gefüllt.

In der vorstehenden Fig. 1 wird die Hauptgärung in den großen Bottichen AA geführt, welche mit dem durch die Rohrleitung a zugeführten frischen Rübensafte gespeist werden. In diesen Bottichen soll der Saft immer in gleicher Höhe bleiben, und das dem Volum des zugeführten frischen Saftes entsprechende Volum gärenden Saftes wird durch die Leitungen bb' nach den kleinen Bottichen $BBBB$ abgezogen, wo die Nachgärung stattfindet. Der vollkommen vergorene Saft wird aus $BBBB$ durch die Rohrleitung g nach dem Speisebehälter der Kolonne gepumpt. Der untere, konisch gebildete Raum der großen Bottiche AA ist durch die Entleerungsrohre cc' mit der Abzugsleitung g verbunden. Unter Umständen, falls es notwendig erscheint, können auch die Abzugsröhren bb' vermittelst der Hähne hh' mit der Abzugsleitung g verbunden werden.

Verbindet man nun die Hauptbottiche AA mit einem Hefezuchtapparat, so hat man es ganz in der Hand, eine kräftige und aseptische Gärung zu erreichen.

Das Guillaumesche System, dessen Anlagen von Egrot in Paris ausgeführt wurden, hat in kurzer Zeit viel Verbreitung gefunden. In den zuerst ausgeführten Anlagen waren die großen Bottiche AA geschlossen, und die entwickelte Kohlensäure entwich durch eine an der oberen Decke des Bottichs angebrachte Rohrleitung, die in einen mit Wasser gefüllten Topf mündete. Diese komplizierte Einrichtung stellte sich indessen als unzweckmäßig heraus, weshalb jetzt die großen Bottiche AA, ebenso auch die kleinen Bottiche $BBBB$ offen bleiben. Der Brennereileiter kann also von oben die Gärung verfolgen und deren äußere Merkmale beobachten. Außerdem ist das Reinigen der offenen Bottiche viel leichter. Besonders praktisch sind die der Fig. 1 entsprechenden Anlagen mit doppelten gegenüberstehenden Bottichreihen, die je nach Bedarf unabhängig oder zusammen arbeiten können. Namentlich bei Betriebsstörungen, wo eine Liquidation der gärenden Säfte unvermeidlich erscheint, kann man viel Zeit ersparen, indem man den Inhalt des einen der beiden großen Bottiche in die kleinen Bottiche entleert, den leeren großen Bottich ordentlich reinigt, und von neuem die Gärung einleitet. Wenn der alte, schlecht vergorene Saft von der Destillierkolonne verbraucht wurde, wird derselbe durch den frischen, gut vergorenen Saft ersetzt, ohne daß die Destillation unterbrochen zu werden braucht.

Bei kleineren Betriebsstörungen, die man ohne Liquidation der Gärung wieder in Ordnung bringen kann, tut man gut, die beiden Bottichreihen voneinander zu trennen. Man unterbricht das Speisen des einen großen Bottichs, um seinen Inhalt durch geeignete Behandlung zu verbessern, während der Betrieb ununterbrochen im zweiten großen Bottich fortgesetzt wird; ist nun der abgestellte große Bottich wieder in Ordnung, so wird der Betrieb mit demselben fortgesetzt, während der andere Bottich isoliert wird, um den darin befindlichen, schlecht gärenden Saft zu verbessern.

VII.
Mikroskopische Kontrolle der Gärung.

Bei richtiger Führung der Saftgewinnung und der Hefebereitung verläuft die Gärung ganz flott, bei günstiger Hefezellensprossung und guter Spiritusausbeute. Sind aber irgendwelche Fehler in der Saftbereitung gemacht worden, oder man hatte vernachlässigt, die Gärbottiche und das Gärlokal peinlichst sauber zu halten, so sind Störungen in der Gärung unvermeidlich. Die Hefezellen werden von Spaltpilzen und anderen Bakterien mehr oder weniger überfallen; die Spiritusausbeute wird vermindert, und die bei der Destillation der schlecht vergorenen Säfte abfallende Schlempe enthält gewisse der Gärung ungünstige organische Säuren und verursacht bei deren Rückverwendung unangenehme Betriebsstörungen.

Die beste Methode, die Gärung richtig zu überwachen, besteht in der mikroskopischen Beobachtung der gärenden Säfte. Bei einiger Übung erkennt man sofort, ob die Gärung normal vor sich geht oder nicht; die Gegenwart von fadenartigen Bakterien ist immer die Folge eines fehlerhaften Betriebes.

Um die Einführung der mikroskopischen Prüfung in den landwirtschaftlichen Brennereien zu erleichtern, hat Verfasser einige dem Brennereibetrieb direkt entnommene mikroskopische Befunde photographisch reproduziert. Die hier wiedergegebenen Mikrophotographien entsprechen den üblichen Verhältnissen der Gärung in den Rübenbrennereien bei Anwendung von guter Preßhefe zum Einleiten der Gärung.

In der Bezeichnung der Figuren nennen wir „Hauptgärung" das Stadium, in welchem die verschnittenen Bottiche mit frischem Saft gespeist werden, und „Nachgärung" das letzte Stadium, das der vollgefüllten, sich selbst überlassenen Gärbottiche.

In den vorstehenden Mikrophotographien stellen Fig. 2 und 3 die beiden Stadien einer normalen Gärung dar, während Fig. 4 das Bild einer schlechten Gärung ist. Indem in Fig. 2 und 3 die Hefezellen gut entwickelt sind, ist in Fig. 4 die Sprossung der Hefezellen durch die Gegenwart von fadenartigen, gärungsstörenden Pilzen stark gehemmt.

Mikroskopische Kontrolle.

Fig. 2.

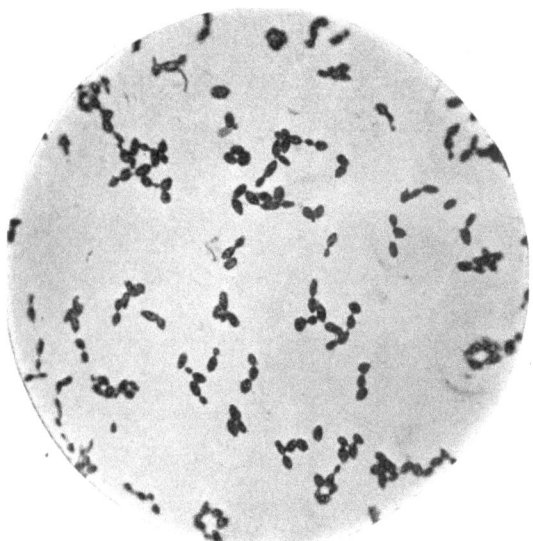

Normale Hauptgärung (Vergröß. 600).

Fig. 3.

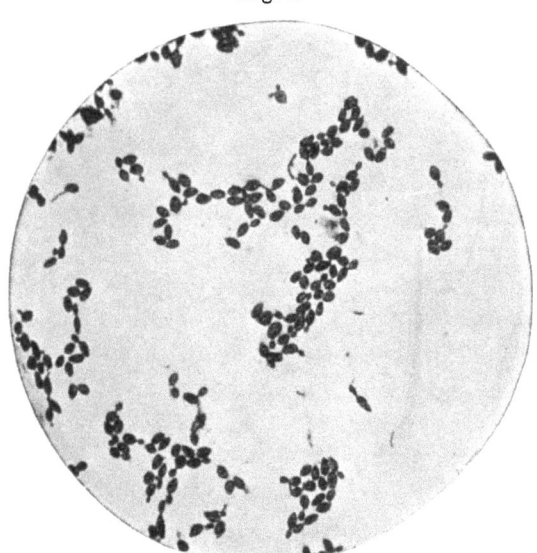

Normale Nachgärung (Vergröß. 600).

Fig. 4.

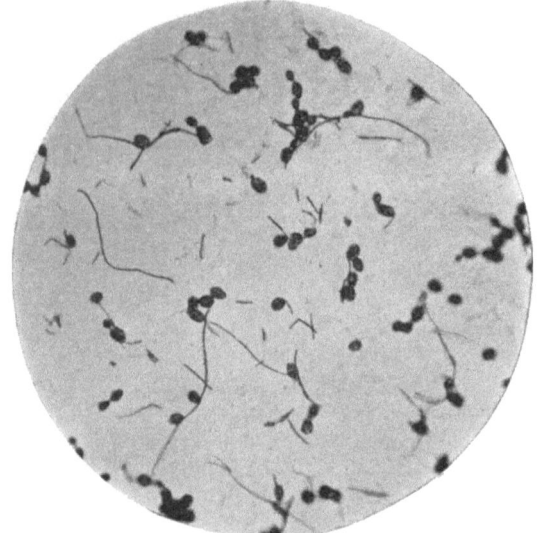

Unreine Gärung (Vergröß. 600).

Fig. 5.

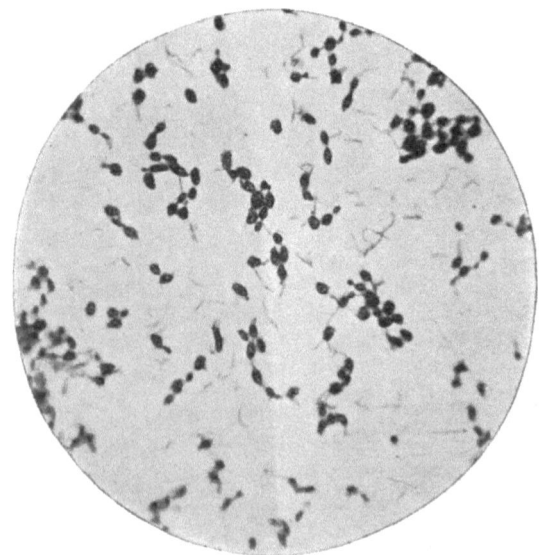

Vergärung mit besonders kräftiger Hefe (Vergröß. 600).

Mikroskopische Kontrolle.

Fig. 6.

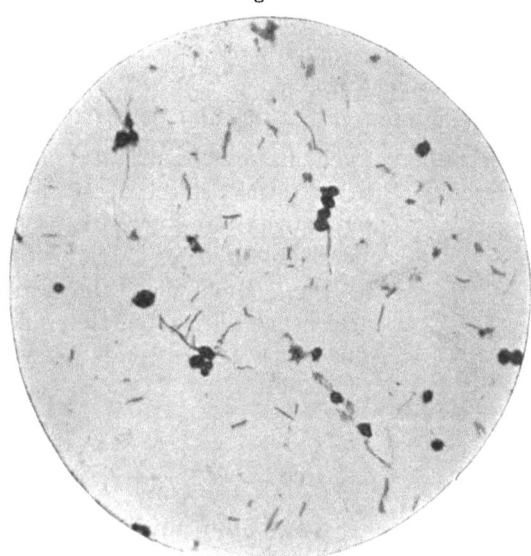

Schlempe von unreiner Gärung (Vergröß. 600).

Fig. 7.

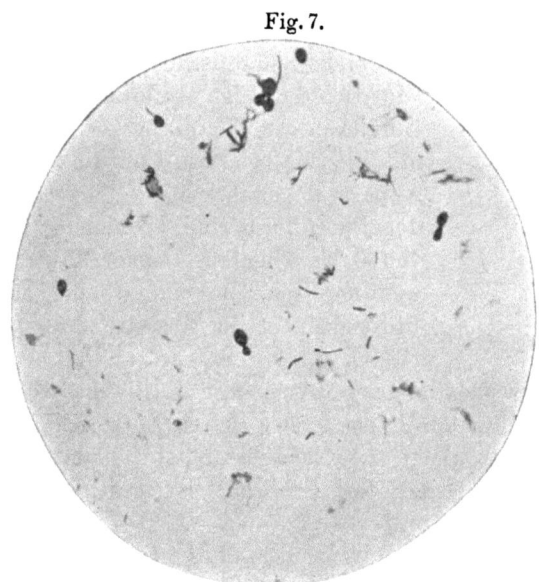

Macerationssaft (Vergröß. 600).

Fig. 5 stellt eine besonders gärkräftige Heferasse dar, welche auf den Stengeln eines Zuckerrohres in einer Kolonie aufgefunden und mit der üblichen Sorgfalt nach Europa gebracht wurde. Leider war der betreffende gärende Saft nicht ganz bakterienfrei. Fig. 6 zeigt den Inhalt eines Tropfens Schlempe, welche neben den toten Hefezellen auch Bakterien enthält, ein Beweis der schlechten Gärung. Da eine solche Schlempe gewisse, der Gärung ungünstige Säuren enthält, ist es nicht ratsam, dieselben in den Betrieb zurückzuführen. Fig. 7 zeigt einen Macerationssaft; die darin befindlichen toten Hefezellen und Pilze rühren von der verwendeten Schlempe her.

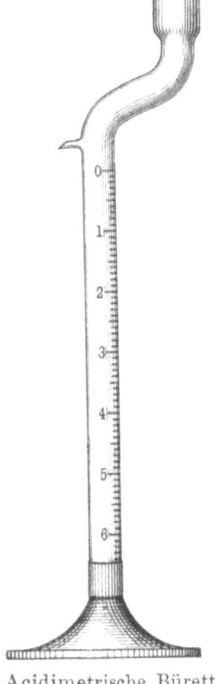

Fig. 8.

Acidimetrische Bürette von Sidersky.

VIII.
Neue acidimetrische Bürette.

Für die schnelle Säurebestimmung in den Rübensäften, Weinen und Schlempen der Rübenbrennereien hat Verfasser die in Fig. 8 abgebildete praktische Bürette konstruiert. Die trichterförmige Mündung erleichtert das Eingießen der Titerflüssigkeit, während der mit Bleiring belastete Fuß die Stabilität des Apparates gewährleistet. Die Graduierung der Bürette ist eine besondere; der Raum von 0 bis 6 umfaßt 15 ccm, so daß bei Anwendung von 50 ccm Saft der Stand der Flüssigkeit in der Bürette direkt Gramme H_2SO_4 für 1 Liter Saft angibt. Die zu verwendende Natron- oder Kalilauge wird in der Weise eingestellt, daß 1 ccm 0,020 g H_2SO_4 entspricht. Da jeder Grad der Bürette gleich 2,5 ccm ist, so entspricht bei Anwendung von $2,5 \cdot 20 = 50$ ccm Saft jeder Grad 1 g H_2SO_4 im Liter. Die Grade sind in $1/10$ geteilt.

Zum Titrieren des sauren Rübensaftes tröpfelt man vorsichtig die alkalische Flüssigkeit ein, während man den in einer weißen Schale befindlichen, schwach gefärbten, aber durchsichtigen Saft umrührt, bis eben die Flüssigkeit anfängt, dunkel und trübe zu werden. Dieser Punkt, den man bei einiger Übung leicht feststellen kann, entspricht der im Saft enthaltenen freien Mineralsäure. Man fährt dann mit dem Titrieren fort, bis die Flüssigkeit eine stark dunkle Farbe angenommen hat und bei der Prüfung eines Tropfens derselben auf empfindlichem, neutralem Lackmuspapier die Farbe des Papiers nicht mehr verändert. Dabei muß man aber abwarten, bis das Papier trocken ist, also die etwa entwickelte Kohlensäure verschwunden ist. Dabei zeigt sich manchmal noch eine schwachsaure Reaktion, man muß dann noch einen oder zwei Tropfen Titerflüssigkeit hinzufügen.

Der letzte Punkt entspricht dem Gehalt an Gesamtsäure; die Differenz gegen den ersten Punkt ergibt den Gehalt an organischen Säuren, ausgedrückt in H_2SO_4 [1]).

---

[1]) D. Sidersky, Compt. Rend. vom 24. Dezember 1895.

Kontinuierliche Destillation und Rektifikation im Brennereibetriebe.

A. Kontinuierliche Destillation.

I.
Einleitung.

Mit dem 19. Jahrhundert beginnt die eigentliche Geschichte der Destillationsapparate. Die uralte Blase wurde von Argand mit dem aufsteigenden Weinvorwärmer versehen, während Eduard Adam das systematische Entgeisten der vergorenen Flüssigkeit eingeführt hat. Die erste kontinuierlich arbeitende Destillierkolonne wurde von Blumenthal konstruiert und von Derosne, Champonnois, Pistorius und Savalle verbessert. Der Kolonnenapparat ist nichts anderes als eine Reihe aufeinandergesetzter Destillierblasen, in denen der Heizdampf von der untersten Kammer aus nach oben steigt, während die Maische in entgegengesetzter Richtung herunterfließt und an den Dampf ihren Alkohol abgibt.

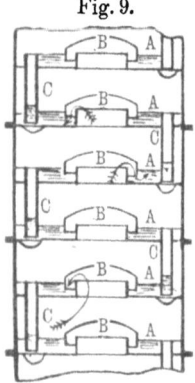

Fig. 9.

Plattendestillierkolonne.

Das in Fig. 9 dargestellte Schema einer kontinuierlichen Kolonne zeigt den Gang von Dampf und Maische. Jede Platte A ist mit einer zentralen Öffnung versehen, die mit der Durchkochkapsel B bedeckt ist, während das seitlich angebrachte Überlaufrohr C fast bis zum Boden der darunter befindlichen Platte reicht. Durch diese Rohre C läuft die Maische abwärts von dem einen Boden auf den anderen, während die aufsteigenden

Alkoholdämpfe gezwungen sind, durch die Kapsel *B* in die Flüssigkeit zu treten und diese aufzukochen, bevor sie nach der nächst höher gelegenen Platte gelangen können. Bei den verbesserten Kolonnen ist dafür gesorgt, daß der Dampf sich möglichst fein in der Maische verteilt, bevor er aus derselben entweicht. Auf diese Weise reichern sich die aufsteigenden Dämpfe immer mehr an Alkohol an, während die von dem einen Boden zum anderen herunterfließende Maische mehr und mehr an Alkohol verliert, bis sie schließlich vollkommen entgeistet als Schlempe am Fuße der Kolonne austritt.

Nach diesem Prinzip sind die meisten kontinuierlich arbeitenden Destillierkolonnen konstruiert; sie unterscheiden sich voneinander nur in den Einzelheiten, sowie in der allgemeinen Anordnung der verschiedenen Konstruktionsteile.

In den landwirtschaftlichen Brennereien begnügt man sich im allgemeinen mit einfachen Kolonnen, welche Rohspiritus von etwa 75 bis 80 Vol.-Proz. erzeugen. In neuerer Zeit hat man die Kolonnen auch noch mit Konzentrationsplatten versehen, die über dem Maischeeintritt angebracht sind, um so einen für technische Zwecke erforderlichen hochgrädigen Spiritus von 90 bis 92 Vol.-Proz. zu erhalten.

Fig. 10 veranschaulicht den in Deutschland am meisten benutzten kontinuierlichen Bohmschen Destillationsapparat, welcher, nach Angaben Delbrücks, zuerst von C. Paulmann (Hannover) konstruiert wurde. Dieser Kolonnenapparat besteht aus der Destillierkolonne *M*, der Konzentrationskolonne *R*, dem Vorwärmer *C*, dem Kühler *K*, dem Spiritusablauf *A* und dem Schlemperegulator *S*. Dabei ist zu bemerken, daß die Verdichtung der Alkoholdämpfe im Vorwärmer *C* durch die doppelte Wirkung von Maische- und Wasserzirkulation hervorgerufen wird.

Für dünnflüssige Maischen eignen sich diese Apparate vortrefflich und arbeiten sehr sparsam. Für Dickmaischen eignen sie sich dagegen weniger, da sich die Maischeüberlaufrohre leicht verstopfen. Außerdem verlangen diese Apparate eine bedeutende Bauhöhe, wie dies aus Fig. 10 leicht zu ersehen ist. Man hat also für Dickmaischen eine andere Art Kolonnenapparate gebaut, welche mit Maische voll gefüllt werden, während der Dampf die ganze Maischeschicht durchstreichen muß. Beim Siemensschen Apparat sind im Inneren der Kolonne Sperrbleche angebracht, um

Fig. 10.

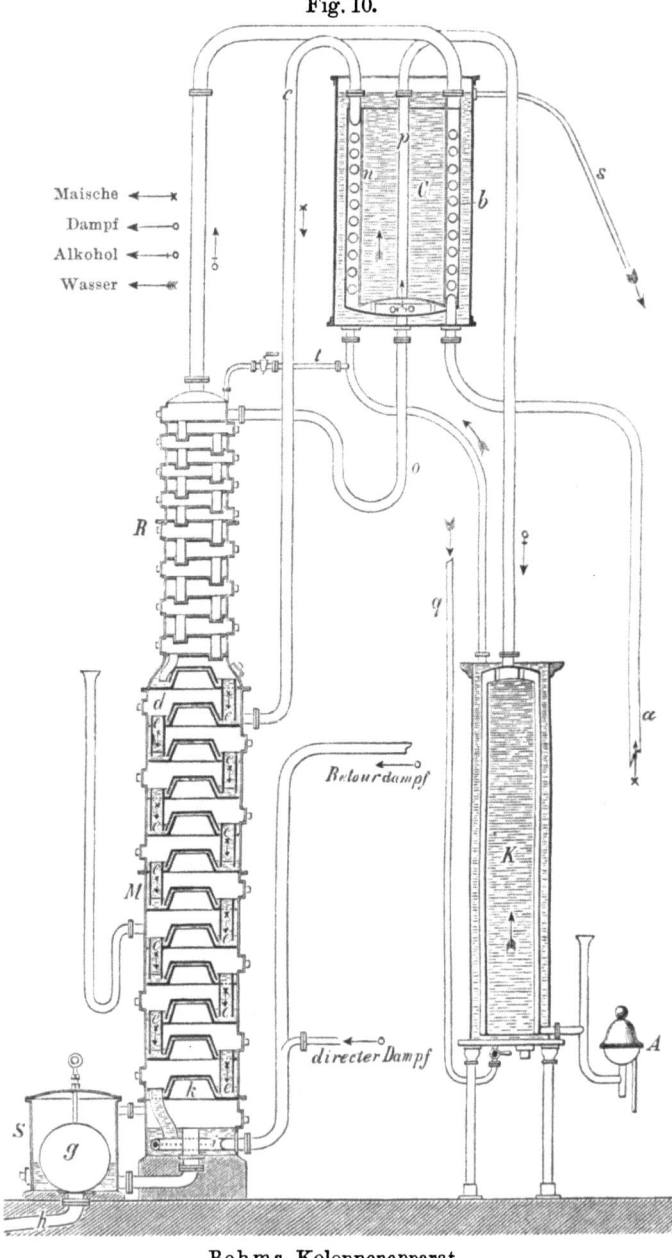

Bohms Kolonnenapparat.

den Dampf zu zwingen, abwechselnd von rechts nach links und von links nach rechts von Kammer zu Kammer zu gehen. In dem Ilgesschen Apparat fließt die Maische in der Kolonne über eigentümliche Teller, welche ihr eine lebhafte, hin und her gehende Bewegung erteilen, während der Dampf mit der Maische in innigste Berührung kommt. Die Einrichtung der Teller ist aus den Fig. 11 und 12 zu ersehen. Die Teller haben tangential angebrachte Rippen, durch deren Zwischenräume die aufsteigenden Dämpfe geleitet werden. Die Rippen verlaufen bei den beiden Tellerarten (Fig. 12) in entgegengesetzter Richtung, so daß die Maische in lebhafte Bewegung kommen muß; sie strömt, von Teller zu Teller gleitend, in der Kolonne von oben nach unten.

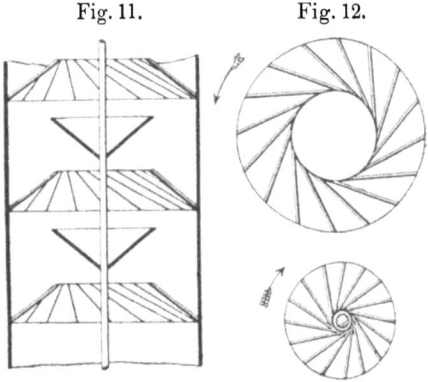

Fig. 11.   Fig. 12.

Teller der Ilgesschen Kolonne für Dickmaischen.

Die Ilgessche Kolonne ist natürlich viel niedriger gebaut als die in Fig. 10 dargestellte Plattenkolonne, braucht aber viel Dampf, da derselbe den Druck der hohen Maischeschicht zu überwinden hat.

II.

Die schrägliegende Destillierkolonne von Guillaume.

Die kontinuierlich arbeitenden Destillierkolonnen lassen sich in zwei große Gruppen teilen, in die sogenannten Plattenkolonnen und die speziell für Dickmaischen konstruierten Vollkolonnen. Bei der ersten Art der kontinuierlichen Destillierapparate, welche aus den Kolonnen von Champonnois und Coffey hervorgegangen sind, fließt die im oberen Teil der Kolonne eintretende Maische von Boden zu Boden, während der unten eintretende Dampf gezwungen ist, die Maische auf jeden Boden zu durchstreichen, sie zum Kochen zu erhitzen, um alsdann, mit Alkohol beladen, nach

Kontinuierliche Destillation.

Fig. 13.

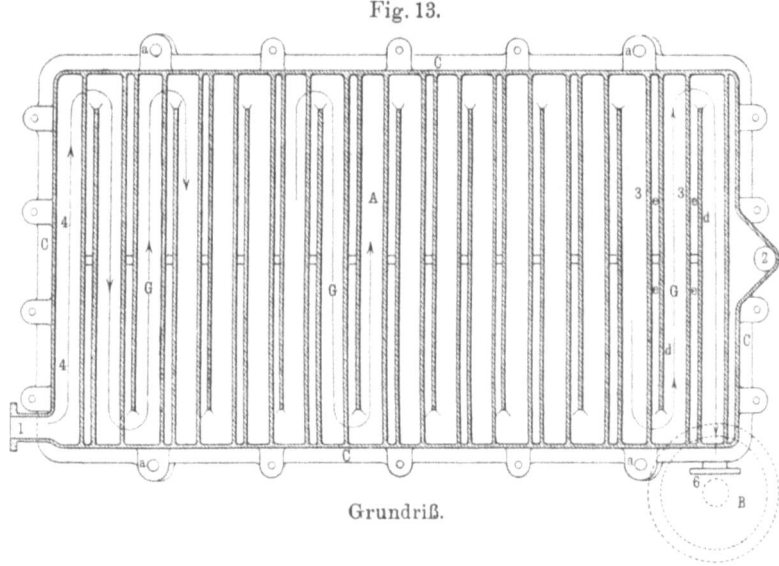

Grundriß.

Fig. 14. Fig. 15.

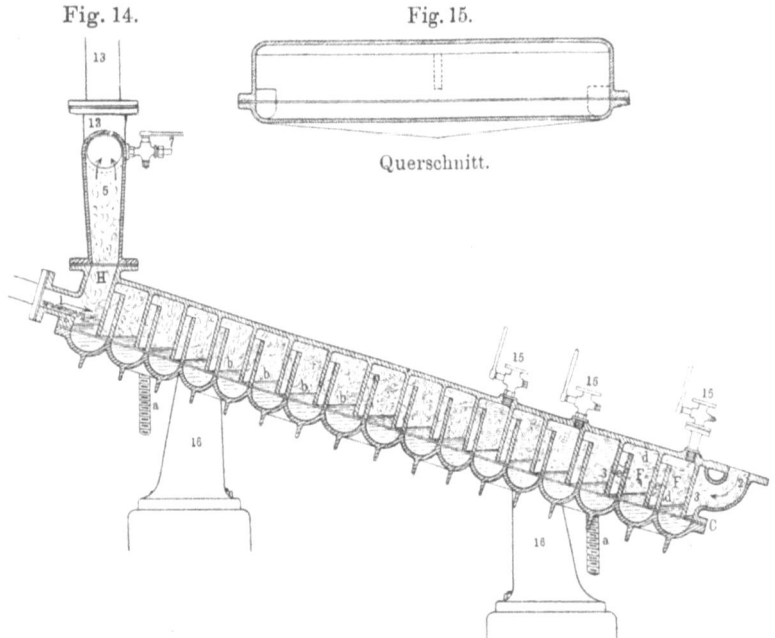

Querschnitt.

Längenschnitt der Guillaumeschen schrägliegenden Destillierkolonne.

Schrägliegende Destillierkolonne von Guillaume.

dem folgenden, höher liegenden Boden zu gelangen und auch dort die auf diesem befindliche Maische zum Sieden zu bringen. Oberhalb der Maischefläche verdichtet sich der Dampf teilweise und wird dadurch alkoholreicher. Der Dampf wird so am besten ausgenutzt und die Kolonne arbeitet sparsam. Beim Destillieren von Dickmaischen kommen aber manchmal Betriebsstörungen vor, die durch Verstopfung der Maischeröhren verursacht werden. Bei den Ilgesschen Vollkolonnen treten solche Verstopfungen nicht auf, der Dampf muß aber den Druck der ganzen, mit Maische gefüllten Säule überwinden, indem er sich zwischen den Rippen der Verteilungsteller hindurchzwängen muß. Der Dampfverbrauch ist dabei bedeutend größer, und die Kosten sind natürlich höher als bei der Arbeit mit den Plattenkolonnen.

Die von Guillaume konstruierte schrägliegende Destillierkolonne gehört ihrem

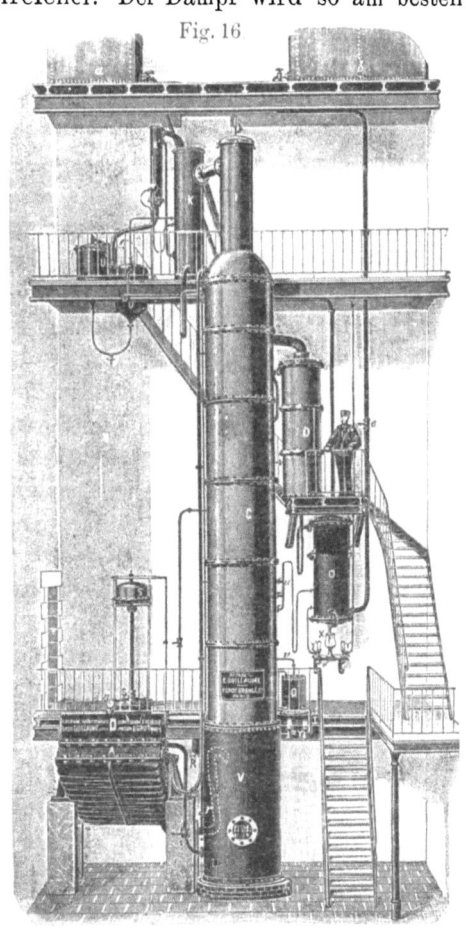

Fig. 16

Guillaumesche Maischedestillier- und Rektifizierkolonne.

Prinzip nach den beiden erwähnten Gruppen an, da sie einerseits unverstopfbar ist wie eine Vollkolonne, und die Maische darin frei von oben nach unten fließt, ohne irgendwo gehindert zu werden, während andererseits der Dampf von einer Kammer zur anderen steigt, genau wie in den üblichen Plattenkolonnen.

Diese von Egrot in Paris[1]) gebaute Kolonne ist vorstehend in Fig. 13 (Grundriß), 14 (Längenschnitt) und 15 (Querschnitt) abgebildet. Dieselbe besteht aus zwei aufeinander geschraubten Teilen aus Gußeisen oder Kupfer. Der untere Teil bildet eine zusammenhängende, nach einer Seite geneigte Rinne, in welcher die von einem Hochbehälter kommende Maische, infolge des halbrunden, gleichmäßigen Querschnittes, sich von der höchsten Stelle nach abwärts bewegt, indem sie abwechselnd von rechts nach links und von links nach rechts die verschiedenen Kammern ohne Hindernis durchläuft. Der obere Teil enthält die Scheidewände der Kammern, welche den unten eintretenden Dampf zwingen, die Maische in entgegengesetzter Richtung zu durchstreichen, und zwar so, daß er zuerst in den oberen Teil jeder Kammer steigt und von dort zwischen den beiden Scheidewänden wieder abwärts geht, um in die Maische der nächst höher liegenden Kammer zu gelangen, wie es die Fig. 14 anzeigt. Der Dampf arbeitet also hier genau wie in den üblichen Plattenkolonnen, indem er sich methodisch an Alkohol anreichert und so im oberen Teil in den Maischevorwärmer und schließlich von dort in den Kühler gelangt. Die entgeistete Schlempe tritt durch den Schlemperegulator B aus.

Zuweilen ist dieser Destillierapparat mit einer Rektifikationskolonne verbunden, speziell dann, wenn es sich darum handelt, aus der Maische direkt hochprozentigen Feinsprit zu erhalten (Fig. 16). In diesem Fall werden die aus der schrägliegenden Destillierkolonne austretenden Dämpfe direkt in die Rektifikationskolonne geleitet, wodurch eine bedeutende Ersparnis an Dampf bzw. an Heizmaterial erzielt wird. Da die schrägliegende Destillierkolonne wenig Platz beansprucht, so ist es nicht nötig, dem Destillierraum eine so übertriebene Bauhöhe zu geben, wie es die anderen Konstruktionen verlangen.

---

[1]) Von Maschinenbau-Akt.-Ges. Golzern-Grimma (Deutschland) und von Breitfeld-Prag (Österreich) vertreten.

III.
Déoms automatischer Schlempeprüfer.

Um die Entgeistung der Schlempe leicht kontrollieren zu können, hat H. Déom in Paris den in untenstehender Fig. 17 abgebildeten kleinen Apparat konstruiert, welcher in den landwirtschaftlichen Rübenbrennereien große Verbreitung gefunden hat.

Fig. 17.

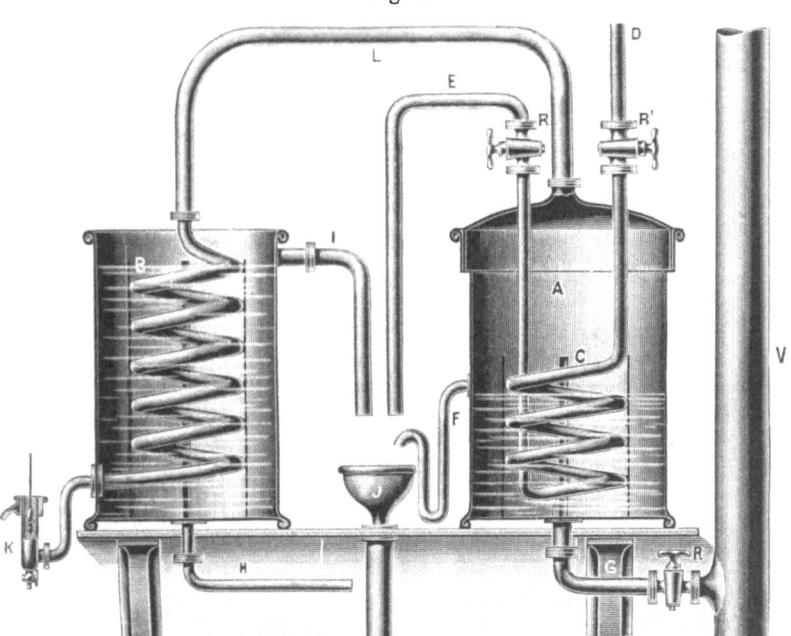

Déoms Schlempeprüfer ($^1/_8$ natürlicher Größe).

Derselbe besteht aus dem kleinen Kessel A, welcher mit dem Schlempeabführungsrohr V in Verbindung steht, dem Kühlgefäß B, nebst den nötigen Verbindungsteilen. Die durch die Rohrleitung G in A eintretende Schlempe wird dort durch die Dampfschlange C zum Kochen erhitzt und tritt entgeistet aus F aus, während die schwachen Alkoholdämpfe sich in B verdichten und durch K als Flüssigkeit austreten; hier wird sofort der Gehalt der Flüssigkeit mit einem empfindlichen Alkoholometer geprüft. Man stellt den

Schlempehahn R und den Dampfhahn R' in der Weise ein, daß die durch F' ausfließende Schlempe und das aus K ausfließende Wasser in einem bestimmten Verhältnis zueinander stehen, etwa 4 oder 5 zu 1, so daß der etwaige Alkoholgehalt der Schlempe in dem ausfließenden Wasser vier- bis fünfmal vergrößert wird. Dieses Verhältnis wird anfangs durch Ausmessen der beiden abfließenden Flüssigkeiten festgestellt.

Fig. 18.

Tropfpipette von Duclaux.

Statt mit einer empfindlichen Spindel kann man auch das aus K austretende Wasser auf seinen Alkoholgehalt vermittelst der Duclauxschen Tropfpipette (Fig. 18) prüfen, welche so eingerichtet ist, daß bei 15^0 5 ccm Wasser genau 100 Tropfen geben, während z. B. ein 1 proz. Alkohol 107 Tropfen gibt. Bei anderen Alkoholgehalten ändert sich natürlich auch die Tropfenzahl; diese wird aber auch noch durch die Temperatur beeinflußt, worüber nachstehende Tabelle von Duclaux Aufschluß gibt.

Tabelle von Duclaux für die Bestimmung von kleinen Alkoholmengen vermittelst der Tropfpipette.

Temperatur	5^0	$7{,}5^0$	10^0	$12{,}5^0$	15^0	$17{,}5^0$	20^0	$22{,}5^0$
Destilliertes Wasser	98	98,5	99	99,5	100	100,5	101	102
0,5 proz. Alkohol .	120	102,5	103	103,5	104	100,4	105	106
1 „ „ .	105	105,5	105	106,5	107	107,5	108	109
2 „ „ .	111	111,5	112	112,5	113	113,5	114,5	125,5
3 „ „ .	116	116,5	117	117,5	118	118,5	119,5	120,5
4 „ „ .	120,5	121	121,5	122	122,5	123,5	124,5	125,5
5 „ „ .	124	124,5	125	125,5	126,5	127,5	128,5	130
6 „ „ .	127	127,5	128,5	129,5	130,5	131,5	132,5	134
7 „ „ .	130	131	132	133	134	135,5	136,5	138
8 „ „ .	133	134	135,5	136,5	137,5	139	140	141,5
9 „ „ .	136	137	138,5	139,5	140,5	142	143	144,5
10 „ „ .	139	140,5	141,5	142,5	144	145	146,5	147,5

B. Kontinuierliche Rektifikation.

IV.
Die Raffination des Spiritus.

Der von der Destillierkolonne abfließende Rohspiritus ist keineswegs reiner Alkohol, sondern enthält eine gewisse Menge flüchtiger Bestandteile, welche den Weingeist verunreinigen und ihm einen unangenehmen Geschmack und Geruch erteilen. Diese Bestandteile sind teils flüchtiger wie der Alkohol, teils sieden sie aber auch bei höherer Temperatur; sie werden bei der Destillation der Maische mit den wasserhaltigen Alkoholdämpfen mitgerissen. Die im Rohspiritus neben dem Wasser auftretenden geistigen Bestandteile sind, nach den Siedepunkten geordnet, folgende:

	Siedepunkt ^{0}C		Siedepunkt ^{0}C
Acetaldehyd	21	Isobutylalkohol	108—109
Essigsäureäthylester	77	Butylalkohol	117
Äthylalkohol	78	Buttersäureäthylester	121
Isopropylalkohol	82	Optisch akt. Amylalkohol	129
Propylalkohol	97	Gärungsamylalkohol	131
Acetal	103	Furfurol	162

Um den Alkohol von diesen Bestandteilen zu trennen, unterwirft man den Rohspiritus einer fraktionierten Destillation, wobei man verschiedene Produkte erhält, die man in geeigneter Weise behandelt. Diese Operation nennt man Rektifikation, wobei gleichzeitig hochgrädiger Sprit erhalten wird. Die dazu benutzten Apparate, die Rektifizierkolonnen, zerfallen in zwei Gruppen: 1. diskontinuierliche Rektifizierapparate, mehr oder weniger vom Savalleschen Typus ausgehend, und 2. kontinuierlich arbeitende Rektifizierapparate mit systematischer Trennung der Vor- und Nachlaufprodukte.

Wie wir bereits bei der Besprechung der Destillierapparate gesehen haben, besitzen die meisten Maischedestillierkolonnen Rektifikationsteile, welche bezwecken, durch wiederholte Destillation den Alkoholgrad zu verstärken; dabei findet aber keine eigentliche Reinigung statt. Die Verstärkung des Alkoholgrades beruht auf folgender Tatsache:

Wenn man eine alkoholhaltige, wässerige Flüssigkeit zum Sieden erhitzt, so entwickeln sich aus der kochenden Flüssigkeit Dämpfe, deren Alkoholgehalt höher ist als derjenige der ursprünglichen Flüssigkeit; letztere wird hierdurch alkoholärmer. Verdichtet man nun durch Abkühlung die entwickelten Dämpfe, so erhält man ein Destillat, dessen Alkoholgehalt höher ist als derjenige der ursprünglichen Flüssigkeit. Wiederholt man die Destillation mehrere Male, so bekommt man endlich einen hochgrädigen Alkohol, obwohl die ursprüngliche Flüssigkeit alkoholarm war.

Alkoholgehalt der siedenden Flüssigkeit Vol.-Proz.	Siedepunkte der Flüssigkeit ⁰C	Alkoholgehalt der entwickelten Dämpfe		Differenz	Alkoholgehalt der Dämpfe, auf den der Flüssigkeit bezogen (K^a)
		nach Gröning	nach Sorel		
0	100	0	0	0	0
5	95,90	43,4	35,75	7,65	7,15
10	92,60	57,2	51,00	6,20	5,10
15	90,20	65,4	61,50	3,90	4,10
20	88,30	71,3	66,20	5,10	3,30
25	86,90	75,1	67,95	7,15	2,70
30	85,56	78,1	69,26	8,84	2,40
35	84,80	80,5	70,60	9,90	2,02
40	84,08	82,3	71,95	10,35	1,80
45	83,40	83,8	73,45	10,35	1,63
50	82,82	85,1	74,95	10,15	1,50
55	82,30	86,2	76,54	9,66	1,39
60	81,70	87,3	78,17	9,13	1,30
65	81,20	88,2	79,92	8,28	1,23
70	80,80	89,0	81,85	7,15	1,17
75	80,40	89,8	84,10	5,70	1,12
80	79,92	90,6	86,49	4,11	1,08
85	79,50	91,5	89,05	2,45	1,05
90	79,12	92,6	91,80	0,80	1,02
95	78,75	95,4	95,05	0,35	1,0037
97,6	78,55	97,6	97,6	0,00	1,00

Die alte Gröningsche Tabelle über die Alkoholgehalte der aus siedenden Wasser-Alkoholgemischen entweichenden Dämpfe

Alkoholgehalt der Dämpfe.

wurde von Sorel einer strengen Nachprüfung unterzogen und für nicht ganz richtig gefunden, weil an den Wandungen der Destilliergefäße eine teilweise Kondensation der Dämpfe stattfindet und dadurch der Alkoholgehalt der siedenden Flüssigkeit sowie der der entsprechenden Dämpfe sich erhöht. Sorel hat daher seine Versuche in der Weise ausgeführt, daß das Destilliergefäß durch Einsetzen in ein geeignetes Glycerinbad auf die Temperatur der entwickelten Alkoholdämpfe gebracht wurde. Die von Sorel gefundenen Alkoholwerte sind daher niedriger als die Gröningschen, wie aus nebenstehender Tabelle leicht zu ersehen ist. Wir haben dieser Tabelle eine Spalte hinzugefügt, welche den Alkoholgehalt der entwickelten Dämpfe angibt, bezogen auf denjenigen der Flüssigkeit als Einheit. Man erkennt, daß dieser Koeffizient (K^a) in umgekehrtem Verhältnis zum Alkoholgehalt der Flüssigkeit steht.

Unterwirft man den auf etwa 40° (Vol.-Proz.) verdünnten Rohspiritus der diskontinuierlichen Rektifikation, so erhält man der Reihe nach folgende Fraktionen:

1. Vorlaufprodukte.
2. Vorlaufmittelprodukte.
3. Feinsprit.
4. Weinsprit.
5. Feinsprit.
6. Nachlaufmittelprodukte.
7. Nachlaufprodukte.

Die unter 2. und 6. bezeichneten Mittelprodukte werden nochmals verdünnt und wieder rektifiziert, während die eigentlichen übelriechenden Vor- und Nachlaufprodukte für technische Zwecke verwendet werden. Weinsprit wird oft als Primasprit bezeichnet, während Feinsprit den Handelsartikel bildet, auf den sich die Preisnotierungen der Börse beziehen. Bei der kontinuierlichen Rektifikation werden neben reinem hochgradigen Alkohol nur die Vor- und Nachlaufprodukte in konzentriertem Zustand erhalten.

V.
Die kontinuierlichen Rektifizierapparate.

Die ersten Versuche zur kontinuierlichen Spiritusrektifikation sind von einem gewissen Monchicourt im Jahre 1856 und fast gleichzeitig auch von Leplay angestellt worden; diese Apparate besitzen aber nur noch historischen Wert.

Den ersten, wirklich praktischen, kontinuierlichen Rektifizierapparat hat Emile Barbet (in Paris) gebaut. Derselbe besteht in einer zweiteiligen Kolonne; in der ersten wird der Rohspiritus von seinen Vorlaufprodukten befreit; der so gereinigte Alkohol gelangt nun in die zweite Kolonne, wo er von den Nachlaufprodukten getrennt wird und als Feinsprit den Apparat verläßt, während das Fuselöl besonders aufgefangen wird. Die Ausbeute an Sprit ist sehr hoch, die Verluste gering und die für technische Zwecke bestimmten Vor- und Nachlaufprodukte werden sehr hochgrädig erhalten. Die Kosten für Brennmaterial sind viel geringer, da es nicht mehr nötig ist, die großen Mengen von verdünntem Rohspiritus zum Kochen zu bringen, wie es bei der diskontinuierlichen Rektifikation der Fall ist.

Der kontinuierliche Betrieb der Rektifizierapparate verlangt aber, daß die Rohspirituszufuhr dem Spritauslauf genau entspricht. Man muß also dafür sorgen, jede Ungleichheit zwischen Alkoholeinlauf und -auslauf zu verhindern, was keine leichte Aufgabe ist.

Um den Gang der kontinuierlichen Rektifikation von den erwähnten Schwierigkeiten unabhängig zu machen, hat Emile Guillaume einen zweiteiligen Rektifizierapparat konstruiert, in welchem an geeigneter Stelle der Platten besondere Akkumulatorenbehälter angebracht wurden, deren Inhalt den Ausgleich zwischen Ein- und Auslauf bewirkt.

Eigentümliche Rektifizierapparate stammen von O. Perrier, welche die Trennung der verschiedenen Produkte durch geeignete Bäder von bestimmten Temperaturen bewerkstelligen. Einen auf demselben Prinzip beruhenden Rektifizierapparat hat neulich Max Strauch gebaut, welcher aber, nach Angaben Delbrücks[1]), in Deutschland noch nicht zur Anwendung gekommen ist.

---

[1]) S. Maercker-Delbrücks Handbuch der Spiritusfabrikation, 9. Aufl., S. 851. Der Rektifizierapparat von O. Perrier findet sich beschrieben

Die Rektifizierapparate von Barbet, Perrier und Guillaume werden häufig mit einer Destillationskolonne in der Weise verbunden, daß die von der Destillierkolonne austretenden Rohspiritusdämpfe direkt in den Rektifizierapparat eintreten, wie es die Fig. 8 an dem Guillaumeschen Apparat zeigt. Es wird dabei eine nicht unbedeutende Dampfersparnis erzielt.

VI.
Das neue Rektifikationsverfahren von Guillaume.

Während die eben besprochenen kontinuierlichen Rektifizierapparate aus dem Rohspiritus zuerst den Vorlauf und dann am Schluß der Rektifikation den Nachlauf abscheiden, also genau wie bei der diskontinuierlichen Rektifikation, beschreitet das neue Guillaumesche Verfahren einen bis dahin unbekannten Weg, indem es den größten Teil der Nachlaufprodukte gleichzeitig mit den Vorlaufprodukten abscheidet, so daß der von denselben befreite Rohspiritus beim Eintritt in die eigentliche Rektifizierkolonne nur noch geringe Verunreinigungen enthält, deren vollständige Trennung dann sehr leicht ist.

Dieses neue Verfahren ist nicht allein von großem praktischen Wert, sondern bietet auch ein hohes wissenschaftliches Interesse, da es sich eigentlich aus rein theoretischen Betrachtungen entwickelt hat. Diese theoretischen Betrachtungen sollen hier kurz besprochen werden.

Theoretische Betrachtungen.

Alle vergorenen Maischen enthalten neben Weingeist einerseits die sogenannten Vorlaufprodukte, bestehend aus Aldehyden und verschiedenen Äthern, und andererseits die sogen. Nachlaufprodukte, bestehend aus Fuselölen und gewissen Körpern, deren Siedepunkte nicht allein denjenigen des Alkohols weit übersteigen, sondern welche auch noch bedeutend höher liegen als derjenige

---

in Stammer-Büchelers Handbuch der Branntweinbrennerei (Braunschweig, Friedr. Vieweg & Sohn), S. 778. Die Apparate von Barbet, Guillaume, Pampe usw. sind in Maercker-Delbrücks erwähntem Buche ausführlich beschrieben.

des Wassers; so siedet z. B. Amylalkohol bei 132⁰, isovaleriansaurer Äthylester bei 134⁰, essigsaurer Isoamylester bei 137⁰, isovaleriansaurer Isoamylester bei 196⁰ usw. Destilliert man nun solche Maischen in den üblichen Kolonnen, so findet man im Rohspiritus sämtliche genannte hochsiedende Produkte, welche mit dem Weingeist überdestilliert sind, während die Schlempe keines dieser Produkte mehr enthält. Man muß also annehmen, daß bei der Destillation diese hochsiedenden Produkte sich früher verflüchtigen als das Wasser, und daß sie, trotz ihrer hohen Siedepunkte, sich wie Vorlaufprodukte dem Alkohol gegenüber verhalten.

Diese merkwürdige Tatsache läßt sich leicht durch einen Versuch im Brennereibetrieb kontrollieren. Wenn wir in einer passenden Kolonne Rohspiritus rektifizieren, so bemerken wir, daß der Weingeist in den obersten Kammern immer stärker wird, bis er 96 Vol.-Proz. reinen Alkohols enthält, während das am Fuß abfließende Wasser vollkommen entgeistet ist. Derjenige Kolonnenteil, in welchem die Fuselöle sich am meisten ansammeln, entspricht den Platten, welche mit einer Flüssigkeit von 40 bis 45 Vol.-Proz. Alkohol bedeckt sind. Oberhalb und unterhalb dieser Platten besitzt der Spiritus einen geringeren Unreinigkeitskoeffizienten, also einen geringeren Gehalt an diesen Produkten im Verhältnis zum reinen Alkohol, abgesehen vom Wassergehalt. Während oberhalb dieser Platten, also bei höheren Alkoholgraden, der Weingeist sich viel schneller verflüchtigt als der Amylalkohol, so findet bei niedrigem Alkoholgehalt das Umgekehrte statt: Der Amylalkohol und ähnliche Nachlaufprodukte verflüchtigen sich schneller als der Äthylalkohol.

Sorel hat eine Reihe von sehr sorgfältigen Versuchen ausgeführt, um für verschiedene bei der Rektifikation zu trennende Körper den Koeffizienten K festzustellen, welcher für jeden Körper das Verhältnis von seinem Prozentgehalt im Alkoholdampf zu demjenigen der kochenden Alkoholflüssigkeit ausdrückt, da dieser Koeffizient K unabhängig ist vom Wassergehalt der Flüssigkeit bzw. des Dampfes. Der Koeffizient K gibt also den Gehalt der wasserfrei gedachten Alkoholdämpfe in einem bestimmten Nachlaufprodukt, bezogen auf den Gehalt des flüssigen Alkohols als Einheit genommen. Wenn wir nun das Verhältnis der Alkoholstärke der entwickelten Dämpfe zu derjenigen der kochenden alkoholischen Flüssigkeit nach dem Vorschlag von Guillaume mit K^a bezeichnen, so wird der Ausdruck $\dfrac{K}{K^a}$ den Reinigungsquotienten darstellen.

In der folgenden Tabelle wollen wir zuerst die von Sorel für K gefundenen Werte wiedergeben, und in einer besonderen Spalte die Werte von K^a hinzufügen, die wir bereits in der Gröning-Sorelschen Tabelle kennen gelernt haben.

Werte von K nach Sorel[1]).

(K ist der Koeffizient der beim Destillieren mitverflüchtigten Körper in bezug auf die kochende Flüssigkeit.)

Alkoholgrade (G. L.) der kochenden Flüssigkeit	Dem Alkohol zugesetzte Körper								Wert von K^a für Äthylalkohol
	Gärungs-Amylalkohol	Äthylformiat	Methylacetat	Äthylacetat	Äthylisobutyrat	Äthylisovaleriat	Isoamylacetat	Isoamylisovaleriat	
	Siedepunkte								
	132⁰	54,3⁰	56⁰	77,1⁰	110,1⁰	134,3⁰	137⁰	196⁰	78⁰
95	0,23	5,1	3,8	2,1	0,95	0,8	0,55	0,30	1,0037
90	0,30	5,8	4,1	2,4	1,1	0,9	0,6	0,35	1,02
85	0,32	6,5	4,3	2,7	1,2	1,1	0,7	0,40	1,05
80	0,34	7,2	4,6	2,9	1,4	1,3	0,8	0,50	1,08
75	0,44	7,8	5,0	3,2	1,8	1,5	0,9	0,65	1,12
70	0,54	8,5	5,4	3,6	2,3	1,7	1,1	0,82	1,17
65	0,65	9,4	5,9	3,9	2,9	1,9	1,4	1,05	1,23
60	0,80	10,4	6,4	4,3	4,2	2,3	1,7	1,30	1,30
55	0,98	12,0	7,0	4,9	—	—	2,2	—	1,39
50	1,20	—	7,9	5,8	—	—	2,8	—	1,50
45	1,50	—	9,0	7,1	—	—	3,5	—	1,63
40	1,92	—	10,5	8,6	—	—	—	—	1,80
35	2,45	—	12,5	10,5	—	—	—	—	2,02
30	3,00	—	—	12,6	—	—	—	—	2,40
25	5,55	—	—	15,2	—	—	—	—	2,70
20	—	—	—	18,0	—	—	—	—	3,30
15	—	—	—	21,5	—	—	—	—	4,10
10	—	—	—	29,0	—	—	—	—	5,10

Guillaume hat nun die Sorelschen Resultate in der Fig. 19 graphisch dargestellt, welche für Äthylalkohol die Kurve von K^a

---

[1]) Entnommen aus E. Sorel, La Destillation (Paris, Gauthier-Villars), S. 129. Die letzte Spalte, berechnet mit Hilfe der Gröning-Sorelschen Werte, ist von E. Guillaume hinzugefügt worden.

enthält. Alle Kurven geben also den Gehalt der Dämpfe an den bezeichneten Körper (K), bezogen auf den Gehalt der kochenden Flüssigkeit an denselben Körper als Einheit genommen. Die Schnittpunkte der Kurven mit derjenigen des Äthylalkohols geben also die Konzentrationsmaxima der bei der Rektifikation verflüch-

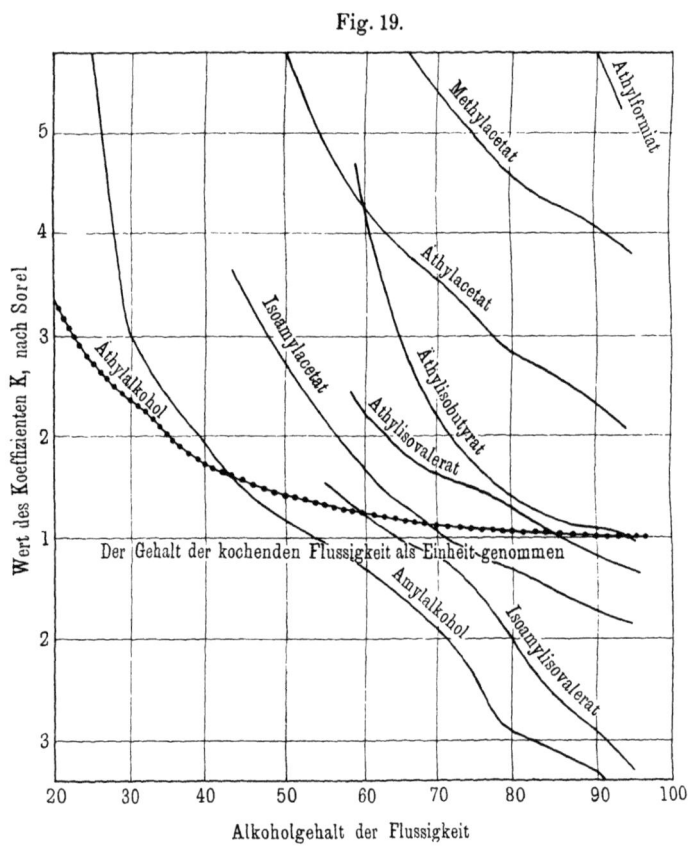

Fig. 19.

Graphische Darstellung der Koeffizienten K und K^a.

tigenden Körper an; bei dieser Alkoholstärke ist der entwickelte Alkoholdampf in demselben Maße mit dem betreffenden Körper verunreinigt, wie der in der kochenden Flüssigkeit enthaltene Spiritus, d. h. der Quotient $\dfrac{K}{K^a} = 1$. Oberhalb der betreffenden

Alkoholstärken werden die Alkoholdämpfe reiner als die Flüssigkeit, also $\frac{K}{K^a} < 1$; unterhalb der durch die Schnittpunkte der Kurven gegebenen Alkoholstärken sind die Alkoholdämpfe unreiner als die entsprechende kochende Flüssigkeit, also $\frac{K}{K^a} > 1$, und die betreffenden Körper verhalten sich alsdann wie Vorlaufprodukte.

Der Ausdruck $\frac{K}{K^a}$ stellt also den Reinigungsquotienten dar, da im ersten Fall die Alkoholdämpfe, im zweiten Fall die zurückbleibende Flüssigkeit gereinigt werden.

Man sieht, daß von den acht von Sorel untersuchten Körpern fünf die angeführte interessante Eigenschaft zeigen; namentlich finden wir darunter den bekannten Amylalkohol, den Hauptbestandteil des Fuselöles, dessen Konzentrationspunkt bei 42 bis 43 Vol.-Proz. Alkohol liegt, wobei $\frac{K}{K^a} = 1$, während bei 18 bis 20° $\frac{K}{K^a} = 2{,}5$ und bei 25 Vol.-Proz. $= 2$ bleibt.

Um den Rohspiritus vom Amylalkohol zu befreien, würde es sich empfehlen, denselben auf 20 bis 25 Vol.-Proz. zu verdünnen und bei Einhaltung dieser Konzentration einer teilweisen Rektifikation zu unterwerfen, damit der Amylalkohol und die ähnlichen Körper als Vorlaufprodukte mit den Aldehyden und Äthern ausgetrieben werden, während im unteren Teil der Kolonne der gereinigte Alkohol sich ansammelt. Die ausgeschiedenen Vor- und Nachlaufprodukte können nachher konzentriert und voneinander getrennt aufgefangen werden.

Ausführung des Verfahrens.

Es ist leicht, den der Rektifikation unterworfenen Rohspiritus auf den gewünschten Grad zu verdünnen, man muß aber befürchten, daß er in der Kolonne wieder stärker wird und daß die als Vorlaufprodukte auszuscheidenden Bestandteile sich in Nachlaufprodukte umwandeln. Es muß daher dafür gesorgt werden, daß in demjenigen Teil der Kolonne, wo die obenerwähnten Körper als Vorlaufprodukte sich ansammeln, der Alkoholgehalt stets niedrig genug bleibt, was man durch einen geeigneten Kunstriff erreichen kann.

Zu diesem Zweck hat Guillaume den durch die Fig. 20 veranschaulichten Apparat konstruiert, welcher aus drei aufeinandergesetzten Kolonnenteilen 1, 2, 3, dem Kondensator C und dem Kühler R besteht. Der unterste Kolonnenteil 1 ist für die eigentliche Abscheidung der Vor- und Nachlaufprodukte bestimmt; diese Körper verflüchtigen sich und steigen nach oben, während Äthylalkohol und Wasser flüssig bleiben und nach unten sich bewegen. Im mittleren Kolonnenteil 2 werden die Nachlaufprodukte angesammelt, weil auf den sämtlichen Platten dieses Teiles der Alkoholgrad durch geeigneten Wasserzufluß niedrig gehalten wird. Die Nachlaufprodukte, welche vom Kolonnenteil 3 nach 2 heruntersteigen, werden hier durch die fortwährende Destillation angereichert, während der verdichtete Äthylalkohol, von diesen Verunreinigungen befreit, nach 1 herunterfließt.

Im Kolonnenteil 3 werden die abgeschiedenen Produkte auf den gewünschten alkoholometrischen Grad gebracht, wobei gleichzeitig eine Trennung der flüchtigen Vorlaufprodukte von den bei höherer Alkoholstärke sich mehr und mehr verdichtenden Nachlaufprodukten stattfindet. Letztere sammeln sich allmählich auf den untersten Platten von 3 an und gelangen teilweise auf die obersten Platten des Kolonnenteiles 2.

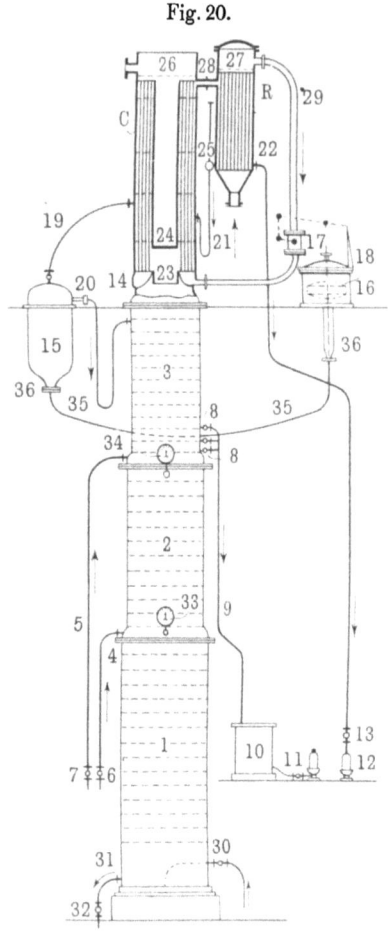

Fig. 20.

Apparat für das neue Guillaumesche Rektifikationsverfahren.

Der auf 20 bis 25 Vol.-Proz. Alkohol verdünnte Rohspiritus gelangt durch das Rohr 4 in den Kopf des Kolonnenteiles 1, die

Speisung wird durch den Hahn 6 geregelt. Der Heizdampf tritt am Fuß der Kolonne durch den Hahn 30 ein, während die gereinigte Alkoholflüssigkeit durch das Rohr 31 austritt; der Hahn 32 bleibt immer offen. Die Heizung des Kolonnenteiles 1 erfolgt zweckmäßig vermittelst einer Dampfschlange, der Dampfeintritt wird durch eine passende Vorrichtung geregelt. Dem Kopfe des mittleren Kolonnenteiles 2 wird durch das Rohr 5 und den Regulierhahn 7 die zum Verdünnen des Alkohols nötige, heiße Flüssigkeit: Wasser, Maische oder Schlempe zugeführt, um auf den Platten dieses Kolonnenteiles den gewünschten niedrigen Alkoholgrad zu erhalten. Die an den oberen Teilen von 1 und 2 angebrachten Thalpotassimeter 33 und 34 (oder andere geeignete Thermometer mit Zifferblatt) gestatten, den Verdünnungsgrad auf den Platten von 2 zu kontrollieren; die Angaben der beiden Instrumente dürfen nur wenig voneinander abweichen. Es empfiehlt sich, an den betreffenden Stellen auch kleine Probehähne anzubringen, um von Zeit zu Zeit die Alkoholstärke kontrollieren und so den Betrieb des Apparates regeln zu können.

Statt den Rohspiritus vorher zu verdünnen, kann man auch die ganze Wassermenge am Kopf des Kolonnenteiles 2 durch das Rohr 5 einfließen lassen, da der von 2 nach 1 herunterfließende Lutter den in 1 eintretenden Rohspiritus auf den gewünschten Grad verdünnen wird, um die gleichzeitige Verflüchtigung der Vor- und Nachlaufprodukte zu ermöglichen.

Die Nachlaufprodukte, d. h. diejenigen, welche durch die fortschreitende Erhöhung des Alkoholgrades auf den Platten des Kolonnenteiles 3 sich in solche Produkte umwandeln, sammeln sich im unteren Teil von 3, werden von dort durch einen der Hähne 8 abgezogen und durch das Rohr 9 und den Kühler 10 nach dem Ausfluß 11 gebracht. Die abzuziehende Menge wird durch einen geeigneten Hahn in der Weise geregelt, daß einerseits der am Fuß des Apparates durch 31 abfließende gereinigte Spiritus nichts mehr von diesen Produkten enthält, und daß andererseits diese Nachlaufprodukte möglichst wenig Äthylalkohol mit sich führen.

Die Vorlaufprodukte, d. h. diejenigen, welche auch bei dem steigenden Alkoholgrad der Platten von 3 als solche verbleiben, werden vom Kühler R durch das Rohr 22 abgezogen und nach dem Ausfluß 12 gebracht.

Man erkennt leicht, daß die durch die Destillation im Kolonnenteil 1 entwickelten Dämpfe im Aufsatz 2 von Boden zu Boden aufsteigen, ebenso im Aufsatz 3; sie gelangen dann in den Kondensator C und in den Kühler R, um sich dort vollständig zu verdichten. Von hier aus gehen sie — mit Ausnahme der kleinen Menge, welche als Vorlaufprodukt durch 12 ausfließt — zurück zum Kopf des Kolonnenteiles 3, um in demselben als Flüssigkeit von Boden zu Boden herabzufließen, also genau denselben Weg in umgekehrter Richtung zu machen, welchen sie früher in Dampfform in aufsteigender Richtung verfolgt haben.

Der auf den Kolonnenteil 3 aufgesetzte Kondensator C hat eine eigentümliche Einrichtung. Die Alkoholdämpfe gelangen in den Kondensator durch die weite Öffnung 23, treffen dort auf den Boden des geschlossenen Rohres 24 und sind gezwungen, ringförmig zwischen den Röhren aufzusteigen, wo sie durch Blechsiebe fein verteilt werden. Dieser Kondensator wird durch den Kühler R ergänzt, an welchem das Luftrohr 25 angebracht ist. Der im Kondensator gebildete Lutter fließt heiß in den Kolonnenteil 3, indem er durch dieselbe weite Öffnung 23 geht, wo er mit den aufsteigenden Dämpfen in innigste Berührung gelangt.

Das vom Kühler austretende Wasser gelangt durch das Rohr 29 in den Kondensator C, tritt aber zuerst durch das Drosselventil 17, welches vom Druckregulator 15—16 beeinflußt wird.

Der am Fuß der Kolonne angebrachte Hahn 32 bleibt während des Betriebes stets offen, und der von den Vor- und Nachlaufprodukten befreite Spiritus fließt ununterbrochen ab, um nachher in einer zweiten Kolonne auf die verlangte Stärke gebracht zu werden. Bei Betriebsunterbrechungen wird der Hahn 32 geschlossen; beim Wiederbeginn der Rektifikation wird er nur dann geöffnet, wenn der im Apparat verbliebene, unvollständig gereinigte Alkohol wieder verflüchtigt und gereinigt wurde.

Der große Vorteil des beschriebenen Verfahrens besteht in der sehr leichten und vollkommenen Raffination des Rohspiritus, da die von Anfang an als Vorlaufprodukte abgeschiedenen Fuselöle nicht mehr mit dem Alkohol in Berührung kommen. Beim alten Verfahren werden die zuerst verflüchtigten Nachlaufprodukte auf den höheren Platten wieder verdichtet und mit dem Äthylalkohol vermengt, was bei der diskontinuierlichen Rektifikation die Ursache der großen Menge von Mittelprodukten ist.

Apparate von Gazagne. 43

Das neue Rektifikationsverfahren von Guillaume wird auch für die kontinuierliche Destillation und Rektifikation von Maischen mit Erfolg angewendet. Die Maische tritt am Kopf des Kolonnenteiles 1 ein und wird dort wie der Rohspiritus behandelt.

VII.
Destillier- und Rektifizierapparate von E. Gazagne.

Ganz eigentümlicher Art sind die von der Firma Fievet & Pingris in Lille gebauten Gazagne-Apparate für automatische Destillation und Rektifikation, welche mit außerordentlicher Regelmäßigkeit arbeiten. Diese Apparate (Fig. 21) besitzen zwei charakteristische Konstruktionsteile: einen

Fig. 21.

Fig. 22.

Kolonne von Gazagne.   Dephlegmator von Gazagne.

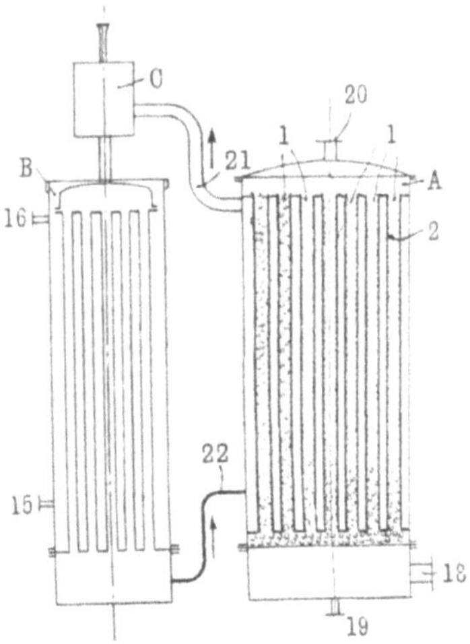

eigenartigen Dephlegmator, bei welchem dieselbe Kühlflüssigkeit immerwährend benutzt wird, und einen sehr empfindlichen Speiseregulator, der nicht das Maischequantum, sondern den darin enthaltenen rohen Alkohol der Kolonne in geregelter Menge zuführt.

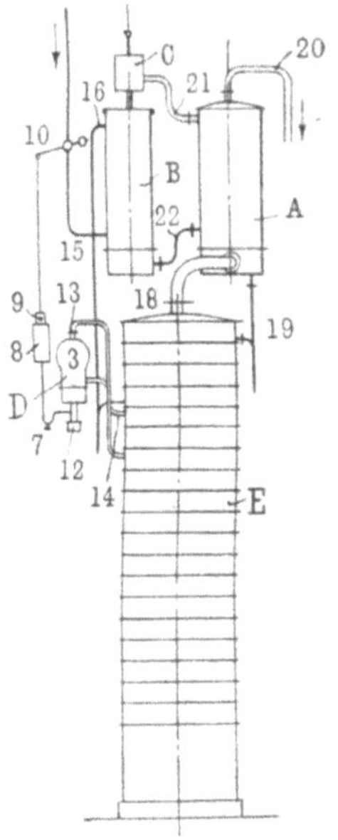

Der in Fig. 22 abgebildete Dephlegmator besteht aus dem Röhrengefäß A, dem Kühler B und dem Ausdehnungsraum C. Die in A befindlichen Röhren sind im Inneren mit herausnehmbaren Metallgeflechten versehen, welche bezwecken, den an den Wandungen der Röhren verdichteten Lutter in innigste Berührung mit den entgegenströmenden Alkoholdämpfen zu bringen, die sich durch die in den Röhren befindlichen Porzellanperlen sehr gut verteilen. Das die Röhren umspülende Kühlwasser (bzw. irgend eine andere Flüssigkeit) tritt aus dem oberen Teil von A aus, steigt in den Ausdehnungsraum C und gelangt von dort in den Kühler B, wo es auf passende Temperatur gebracht wird, und kehrt nachher nach A zurück, um von neuem als Kühlwasser benutzt zu werden. Die wiederholte Benutzung derselben Kühlflüssigkeit bietet den Vorteil, daß die äußeren Röhrenwandungen immer sauber bleiben, während bei den üblichen Kondensatoren die Röhren sich mit Kesselstein bedecken, was häufig Betriebsstörungen verursacht. Im Kühler B findet aber keine Röhrenflächenverschmutzung statt, da hier die Temperatur von 70° niemals überschritten wird.

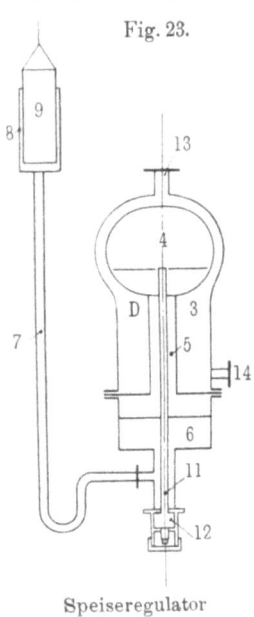

Fig. 23.

Speiseregulator von Gazagne.

Die ganze Anordnung dieses Dephlegmators ist so getroffen, daß das in A eintretende Kühlwasser sich durch die aufsteigenden Alkoholdämpfe stark erwärmt und durch die geringere Dichte nach oben steigt, um nachher in B wieder abgekühlt und von neuem in A benutzt zu werden. Der ganze Apparat funktioniert als Thermosyphon.

Durch die gleichzeitige Wirkung des weiter unten zu besprechenden Speiseregulators bewirkt der Dephlegmator einen regelmäßigen Spritausfluß mit konstantem Alkoholgehalt.

Der in Fig. 23 abgebildete Speiseregulator bezweckt die Zuführung einer geeigneten, konstanten Alkoholmenge in die Kolonne. Da der Alkoholgehalt der entweichenden Dämpfe eine Funktion der Temperatur ist, so besorgt der Speiseregulator die Einführung von demjenigen Maischequantum in die Kolonne, welches nötig ist, um die Temperatur der aus der Kolonne austretenden Alkoholdämpfe konstant zu halten. Da dieser konstanten Temperatur ein bestimmter Alkoholgehalt der Dämpfe entspricht, so wird der Dephlegmator stets mit Alkoholdämpfen von konstanter Zusammensetzung gespeist; der verdichtete Lutter, sowie der von ihm getrennte reine Sprit behalten ihre immer gleichbleibende Alkoholstärke.

Der Speiseregulator D (Fig. 23) besteht aus einer mit der Kolonne E (Fig. 21) verbundenen Dampfkammer 3; im Inneren derselben befindet sich eine Luftglocke 4, welche durch Röhre 5 mit dem Quecksilberbad 6 und durch das Rohr 7 mit dem Schwimmerbehälter 8 verbunden ist. Die in der Glocke 4 befindliche gesättigte nasse Luft, welche von den geringsten Temperaturschwankungen der Dampfkammer 3 beeinflußt wird, drückt auf das Quecksilber in 6, hebt den Schwimmer 9, der vermittelst eines Hebels den Maischezufuhrhahn 10 (Fig. 21) mehr oder weniger öffnet. Ein unten mit Ventil 12 versehenes Rohr 11 tritt in das Innere der Glocke 4; es ermöglicht eine geeignete Luftzufuhr in die Glocke, ohne den Betrieb der Kolonne zu unterbrechen. Man kann also nötigenfalls die automatische Maischezufuhr nach Bedarf ändern, ohne die mechanischen Teile des Apparates zu berühren. Gleichzeitig kann man sich überzeugen, ob alle Teile des Speiseregulators dicht sind.

Die aus der Kolonne E (Fig. 21) austretenden Dämpfe gelangen durch 13 und 14 in den Dampfraum 3 des Regulators D, beeinflussen den Quecksilberschwimmer 9 und durch dessen verschiedene Stellung den Maischespeisehahn 10. Die Maische gelangt zuerst durch 15 in die unteren Teile des Kühlers B, in welchem sie das Kühlwasser des Dephlegmators A abkühlt, tritt durch 16 im oberen Teil von B aus, gelangt in die Kolonne E, wo sie von Boden zu Boden heruntersinkt und im unteren Teil als entgeistete Schlempe ausfließt.

Der Heizdampf der Kolonne E steigt in entgegengesetzter Richtung von Boden zu Boden auf, schwängert sich immer mehr mit Alkohol, tritt durch 18 aus und gelangt in den unteren Teil des Dephlegmators A, wo er sich teilweise verdichtet; der Lutter kehrt durch 19 in die Kolonne zurück, während die alkoholreichen Dämpfe den Dephlegmator durch 20 verlassen, um nachher, in einem Kühler verdichtet, als Sprit auszufließen.

46   Kontinuierliche Rektifikation.

Selbstverständlich wird die Heizung der Kolonne mittels eines geeigneten Dampfregulators geregelt.
Wie oben erwähnt, hat Gazagne den in den Fig. 21, 22 und 23 abgebildeten **Dephlegmator** und **Speiseregulator**

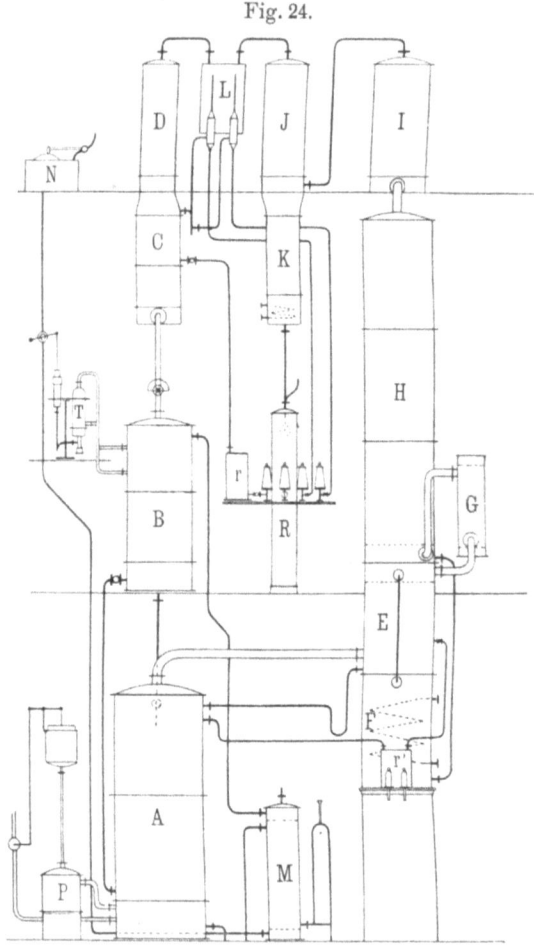

Fig. 24.

Kontinuierlicher Rektifizierapparat von Gazagne.

benutzt, um zwei verschiedene, automatisch arbeitende Apparate zu konstruieren: 1. einen kontinuierlichen **Rektifizierapparat** und 2. einen **Maischedestillier- und Rektifizierapparat**. Beide Apparate arbeiten kontinuierlich und automatisch und

Rektifizierapparat von Gazagne.

unterscheiden sich voneinander in ganz unwesentlichen Teilen ihrer gesamten Einrichtung, obwohl sie doch grundverschiedenen Zwecken dienen. Im ersten Fall handelt es sich darum, rohen, fuselhaltigen Spiritus zu rektifizieren, um daraus einerseits die größte Ausbeute an hochfeiner Ware, andererseits die hochgrädigen Vorlauf- und Nachlaufprodukte zu erhalten. Dagegen besteht im zweiten Fall die Aufgabe darin, aus der vergorenen Maische in einer einzigen kontinuierlichen Operation die größte Ausbeute an Feinsprit zu erzielen.

In Fig. 24 ist der automatisch arbeitende **kontinuierliche Spiritusrektifikationsapparat** abgebildet. Derselbe besteht aus folgenden Einzelteilen:

A Alkoholentgeistungskolonne.
B Rohspiritusreiniger.
C Vorlaufkonzentrationskolonne.
D Vorlaufkondensator.
E Nachlauftrenner.
F Fußkühler.
G Zurückführen des Nachlaufes.
H Rektifizierkolonne.
I Rektifikationskondensator.
J Alkoholverstärkungskondensator.
K Nachreiniger.

L Vorlaufkühler.
N Speisebehälter mit konstantem Niveau.
R Spritkühler.
r Ätherkühler.
r' Nachlaufkühler.
T Speiseregulator.
P Dampfdruckregulator.
M Einrichtung zum Ausnutzen der Schlempewärme.

Vorlaufabscheidung. Der im Speisebehälter N befindliche Rohspiritus gelangt vermittelst des Speiseregulators T in den oberen Teil des Reinigers B, fließt über die Böden herunter und gelangt, aus dem unteren Teil von B austretend, in den oberen Teil der Entgeistungskolonne A. Der Rohspiritusreiniger B wird mit dem aus dem Fuß der Entgeistungskolonne A entnommenen Dampf geheizt, oder man benutzt hierzu direkten Dampf, wobei man einen besonderen Dampfdruckregulator verwendet.

Die mit Vorlaufprodukten beladenen Dämpfe, welche aus dem oberen Teil des Rohspiritusreinigers B austreten, gelangen in die Konzentrationskolonne C, welche vollständig getrennt von B arbeitet. Diese spezielle Einrichtung ermöglicht es, den Druck in B nach Belieben ändern zu können, sowie die Konzentrationskolonne C nach Bedarf mit mehr oder weniger Dampf zu behandeln, da diese beiden Apparatteile ganz unabhängig voneinander wirken.

Die aus dem Kondensator D entweichenden konzentrierten Vorlaufdämpfe werden im Schlangenrohrkühler L verdichtet und in bestimmter Menge dem Auslaufgefäß zugeführt, während ein etwaiger Überschuß der Konzentrationskolonne C wieder zugeleitet wird. Aus der Mitte dieser Kolonne werden die Ätherprodukte entnommen, welche in einem kleinen Kühler r verdichtet und durch einen besonderen Auslauf abgezogen werden.

Nachlaufabscheidung. Der am Fuß der Reinigungskolonne B austretende, von Vorlaufprodukten befreite Rohspiritus gelangt in den oberen Teil der Entgeistungskolonne A. Die vollkommen entgeistete Flüssigkeit fließt unten ab, geht durch den Wärmefänger M, wo sie teilweise die ihr innewohnende Wärme abgibt, und fällt von dort in den Kanal der Abwässer. Die mit Nachlaufprodukten verunreinigten Alkoholdämpfe, welche aus der Entgeistungskolonne A entweichen, treten in das Unterteil des Nachlaufreinigers E, der mit einer besonderen Vorrichtung versehen ist. Dieser Kolonnenteil E ruht auf einem Behälter F, in dessen Innerem eine Kühlschlange oder ein Röhrenkörper sich befindet. Die eigentliche Rektifizierkolonne H, welche auf E sitzt, ist von letzterer durch eine Vollplatte getrennt; der Lutter der Rektifizierkolonne gelangt nicht in den oberen Teil des Reinigers E, sondern wird zuerst dem Unterteil des Kühlbehälters F zugeführt, um dort auf einen geeigneten Temperaturgrad abgekühlt zu werden, erst dann gelangt er auf den obersten Boden des Reinigers E. Durch diese besonders starke Abkühlung wird erreicht, daß die Nachlaufprodukte sich sehr leicht vom Alkohol trennen und in F ansammeln, von wo sie in bestimmter Menge abgezogen werden.

Die eigentliche Rektifikation der aus E entweichenden, von Nachlaufprodukten gereinigten Alkoholdämpfe findet in der Rektifizierkolonne H statt, in welcher diese von Boden zu Boden aufsteigen, im Dephlegmator I sich teilweise verdichten und als Lutter zurück in die Kolonne kehren, während die unverdichteten Dämpfe einen zweiten Dephlegmator J passieren. Die beiden Dephlegmatoren I und J weisen die in Fig. 22 abgebildete Konstruktion auf; aber J ist mit einem Nachreiniger K verbunden, um die im Laufe der Rektifikation sich bildenden Ätherprodukte zu entfernen. Zu diesem letzteren Zweck wird im unteren Teil von K eine kleine Heizschlange angebracht; die leichteren Ätherdämpfe konzentrieren sich im Dephlegmator J und entweichen oberhalb desselben in dem Kühler L, verdichten sich und gelangen dann in ein besonderes Auslaufgefäß.

Diese Ätherbildung läßt sich aber vermeiden oder wenigstens auf ein Geringes reduzieren, wenn man dafür sorgt, den Rohspiritus zuerst mit Soda zu neutralisieren.

Der kontinuierliche Maischedestillier- und Rektifizierapparat desselben Erfinders unterscheidet sich von dem in Fig. 24 abgebildeten Rektifizierapparat nur dadurch, daß im ersteren der Vorlaufsreiniger B direkt auf der Entgeistungskolonne A aufgestellt ist. Der Gang der sämtlichen Operationen bleibt aber genau derselbe in den beiden Apparaten. Anstatt Rohspiritus wird hier Maische verwendet, und die aus dem Boden der Entgeistungskolonne A austretende Flüssigkeit ist nichts anderes als die Schlempe.

VIII.
Schlufsbetrachtungen.

Die hier geschilderten neueren Verfahren der kontinuierlichen Destillation und Rektifikation zeigen uns deutlich, welche bedeutenden Fortschritte das Zusammenwirken von Technik und Wissenschaft auf dem Gebiete der Spiritusfabrikation gezeitigt hat.

Die verschiedenen Verfahren der chemischen Spiritusreinigung sind eines nach dem anderen verworfen worden, und die eigentliche Raffination des Rohspiritus erfolgt jetzt ausschließlich auf rein physikalischem Wege. Dies hat nun dazu geführt, daß man die komplizierten Vorgänge der Destillation von Gemischen besser kennen lernte und ein hochinteressantes Kapitel der Physik weiter ausbildete.

MIX
Papier aus verantwortungsvollen Quellen
Paper from responsible sources
FSC® C105338

If you have any concerns about our products,
you can contact us on
ProductSafety@springernature.com

In case Publisher is established outside the EU,
the EU authorized representative is:
**Springer Nature Customer Service Center GmbH
Europaplatz 3, 69115 Heidelberg, Germany**

Printed by Libri Plureos GmbH
in Hamburg, Germany